中国大科学装置出版工程

# SURVEYING THE SKY

## THE LARGE SKY AREA MULTI-OBJECT FIBER SPECTROSCOPIC TELESCOPE

# 巡天
# 遥看一千河

## 大视场巡天望远镜 LAMOST

LAMOST 运行和发展中心 编

浙江出版联合集团
浙江教育出版社・杭州

# 本书编委会


**主　编**：赵永恒　崔向群

**编　委**：（按音序排名）

陈晓艳　侯永辉　霍志英　孔　啸

雷亚娟　李　双　李荫碧　王　丹

王跃飞　张　硕　张　勇

# 总　序

新一轮科技革命正蓬勃兴起，能否洞察科技发展的未来趋势，能否把握科技创新带来的发展机遇，将直接影响国家的兴衰。21世纪，中国面对重大发展机遇，正处在实施创新驱动发展战略、建设创新型国家、全面建成小康社会的关键时期和攻坚阶段。

在2016年5月30日召开的全国科技创新大会、两院院士大会、中国科协第九次全国代表大会上，习近平总书记强调，科技创新、科学普及是实现国家创新发展的两翼，要把科学普及放在与科技创新同等重要的位置。习近平总书记“两翼”之喻表明，科技创新和科学普及需要协同发展，将科学普及贯穿于国家创新体系之中，对创新驱动发展战略具有重大实践意义。当代科学普及更加重视公众的体验性参与。“公众”包括各方面社会群体，除科研机构和部门外，政府和企业中的决策及管理者、媒体工作者、各类创业者、科技成果用户等都在其中。任何一个群体的科学素质相对落后，都将成为创新驱动发展的“短板”。补齐“短板”，对于提升人力资源质量，推动“大众创业、万众创新”，助力创新型国家建设和全面建成小康社会，具有重要的战略意义。

科技工作者是科学技术知识的主要创造者，肩负着科学普及的使命与责任。作为国家战略科技力量，中国科学院始终把科学普及当作自己的重要使命，将其置于与科技创新同等重要的位置，并作为“率先行动”计划的重要举措。中国科学院拥有丰富的高端科技资源，包括以院士为代表的高水平专家队伍，以大科学工程为代表的高水平科研设施和成果，以国家科研科普基地为代表的高水平科普基地等。依托这些资源，中国科学院组织实施“高端科研资源科普化”计划，通过将科研资源转化为科普设施、科普产品、科普人才，普惠亿万公众。同时，中国科学院启动了“科学与中国”科学教育计划，力图将“高端科研资源科普化”的成果有效地服务于面向公众的科学教育，更有效地促进科教融合。

科学普及既要求传播科学知识、科学方法和科学精神，提高全民科学素养，又要求营造科学文化氛围，让科技创新引领社会持续健康发展。基于此，中国科学院联合浙江教育出版社启动了中国科学院“科学文化工程”——以中国科学院研究成果与专家团队为依托，以全面提升中国公民科学文化素养、服务科教兴国战略为目标的大型科学文化传播工程。按照受众不同，该工程分为“青少年科学教育”与“公民科学素养”两大系列，分别面向青少年群体和广大社会公众。

“青少年科学教育”系列，旨在以前沿科学研究成果为基础，打造代表国家水平、服务我国青少年科学教育的系列出版物，激发青少年学习科学的兴趣，帮助青少年了解基本的科研方法，引导青少年形成理性的科学思维。

“公民科学素养”系列，旨在帮助公民理解基本科学观点、理解科学方法、理解科学的社会意义，鼓励公民积极参与科学事务，从而不断提高公民自觉运用科学指导生产和生活的能力，进而促进效率提升与社会和谐。

未来一段时间内，中国科学院“科学文化工程”各系列图书将陆续面世。希望这些图书能够获得广大读者的接纳和认可，也希望通过中国科学院广大科技工作者的通力协作，使更多钱学森、华罗庚、陈景润、蒋筑英式的“科学偶像”为公众所熟悉，使求真精神、理性思维和科学道德得以充分弘扬，使科技工作者敢于探索、勇于创新的精神薪火永传。

中国科学院院长、党组书记 白春礼

2016年7月17日

# 前 言

LAMOST（大天区面积多目标光纤光谱天文望远镜，又叫郭守敬望远镜）由中国天文学家研制，是在天文学发展到一定阶段，国际竞争日趋激烈的形势下建设的大科学装置，在科学和技术上都具有领先地位。

天体的光谱就像识别天体身份的基因，包含着极其丰富的物理信息，这些光谱信息极有可能成为解开神秘银河系乃至整个宇宙形成和演化规律的“密钥”。在LAMOST建成之前，人类观测到的天体数目已达到了上百亿，但进行过光谱观测的天体仅占总数的万分之一。LAMOST项目涉及天文学和天体物理学中诸多前沿问题，在世界上首先开拓了同时观测几千个天体光谱的大规模光谱巡天的新思路，以新颖的构思、巧妙的设计实现了光学望远镜大口径兼备大视场的突破，开创了我国高水平大型天文光学精密装置研制的先河。LAMOST是我国具有自主知识产权、目前世界上口径最大的大视场望远镜，也是国际上光谱获取率最高的望远镜。

LAMOST首先在国际上创造性地应用主动光学技术，在观测过程中实现镜面曲面形状高精度连续变化，从而突破了传统光学望远镜大视场与大口径难以兼得的瓶颈，我们称这种望远镜为王（绶琯）—苏（定强）反射施密特望远镜。研制过程中，LAMOST在世界上首先发展了在一块镜面上同时实现几十块薄镜面的拼接和曲面形状的连续变化，以及新的数千根光纤的快速定位技术，成为我国光学天文望远镜的一个里程碑。

LAMOST从立项伊始，经历了十余载的艰辛建设，在国内外相关机构和同行的大力支持下，于2009年圆满通过国家验收，一架承载了期待和重任的“观天巨眼”终于矗立在世人眼前。通过两年的专业调试和试运行，这架备受世人瞩目的“窥天利器”于2011年10月迈出了光谱巡天的第一步。截止到2015年5月底，LAMOST圆满完成了先导巡天及正式巡天前三年的光谱巡天任务，获取了575万余条光谱数据，预计在第一个五年巡天结束时，LAMOST获得的光谱数据将突破700万条，可谓“光谱之王”。天文学家正不断从这些大样本数据的“富矿”中挖掘有价值的“宝藏”，以开创天文认知的新局面。

朋友们，当你为我国能建造这样一架国际一流的天文仪器设备而自豪的时候，是否也想走近它，了解天文学家是如何建造这架“观天巨眼”，使人们对神秘浩瀚星空的认知跨上一个新台阶的？本书的目的在于通过通俗的语言和有趣的描述，带领大家一起回顾LAMOST横空出世的故事，领略LAMOST技术的精湛，体会LAMOST建设的艰辛，揭秘LAMOST的构造和原理，共享LAMOST成功获取百万级光谱数据的喜悦，了解利用LAMOST数据得出的一个个最新成果以及研究银河系乃至宇宙的前沿理论，让人们了解神秘的宇宙，畅想天文发展的全新未来。我们希望借助本书，让读者全面了解LAMOST，进而认识浩瀚神奇的宇宙，拓展饱览天地万物的视野。

赵永恒

2015年10月

# 目录 MULU

当你在一个远离城市灯光的地方，夜幕降临后，若是天气晴朗，你可以看见数不清的星星挂满苍穹。遥望这无边无际的浩瀚星空，也许你会好奇：地球甚至宇宙从何而来？又向何而去？

人类自从进入文明时代，就开始了对宇宙的探索。遥远的太阳、月亮、星辰究竟是以怎样的方式与我们息息相关？这些问题从来没有离开过我们的头脑。今天，相关的探索仍在继续。通过现代天文学，我们对宇宙的了解或许已经远远超出了我们的祖先最富于创造力的想象。

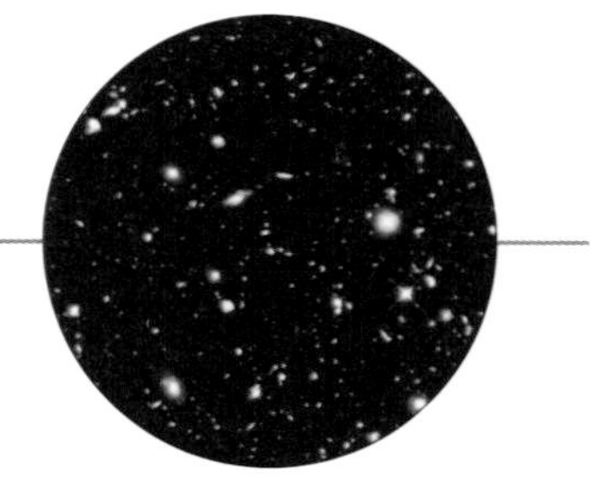

哈勃极端深空场(Hubble eXtreme Deep Field, XDF)　2012年9月25日，美国宇航局(NASA)发布了一张哈勃太空望远镜拍摄的宇宙深处影像，即哈勃极端深空场。这是美国宇航局和欧洲空间局(ESA)合作的哈勃太空望远镜在原先的哈勃超级深空场(HUDF)的基础上，选取10年研究中发现的最深远的一块中心区域拍摄的。XDF是我们已知的最深远的宇宙图像，揭示了最遥远、最黯淡的星系，其中有的星系诞生于宇宙大爆炸后4.5亿年。

## ① 仰望星空

在对地球最原始的认识里，人们对宇宙的存在充满了各种奇特的想象。比如古印度人认为大地是一个隆起的圆盾，由三头大象扛着，而这三头大象又站在龟背上，龟则浮游在广阔的海洋之中，如图 1-1 所示。

**图 1-1** 古印度人的宇宙观

古埃及人的宇宙观则如图 1-2 所示，天空以星辰遮身的女性形态出现，蜷曲着身体横跨天际，连接着傍晚的落日和清晨初升的太阳，太阳每晚日落后进入她的口中，第二天早晨又从她的下体重生，周而复始。

**图 1-2** 古埃及人的宇宙观

图1-3　盘古

古代中国人同样为宇宙构想出一个开始。三国时期吴国徐整所著《三五历纪》中写道：很久很久以前，天地浑然一体，如鸡蛋一般浑圆，称为“混沌”。创世神盘古就生在这混沌之中。后来，盘古用神斧将天地劈开，清而明的上浮为天，暗而浊的下沉为地。盘古在天地间不断长大，经过了一万八千年，天变得极高，地变得极厚，盘古的身体也变得极长。

图1-4　盘古开天辟地

传说中，盘古用自己的身体创造出一个充满生机的世界。他的左眼飞上天空变成了太阳，右眼飞上天空变成了月亮。他的汗珠变成了地面的湖泊，血液变成了奔腾的江河，毛发变成了草原和森林，呼出的气体变成了清风和云雾，发出的声音则变成了雷鸣。当盘古倒下时，他的头化作了东岳泰山，脚化作了西岳华山，左臂化作了南岳衡山，右臂化作了北岳恒山，腹部化作了中岳嵩山。从此，人世间有了阳光雨露，大地上有了江河湖海，万物滋生，人类开始繁衍。

从古至今，人们对光芒灿烂的太阳和皎洁的月亮寄托了无数的想象，很多神话故事中都可觅其踪影。《山海经》里记录了夸父逐日的故事：夸父为了驯服炎热的太阳跨越崇山峻岭，追上太阳后，因怀中的太阳过于炙热，饮尽黄河和渭河水仍不够解渴，最终倒在去往大泽的路上。

中国古代还有嫦娥奔月的神话故事：嫦娥偷食了后羿自西王母处求得的不死药而奔月成仙，在月宫之中与玉兔一同过着孤寂冷清的生活。直到现在，人们依然传承着中秋节赏月的风俗。

图1-5　嫦娥奔月

在中国古代，人们曾经对天地的结构提出过三大模型，分别称为盖天模型、浑天模型和宣夜模型。“盖天模型”即“盖天说”，主张天圆地方，天是一顶半圆的斗笠，地是一只倒扣的盘子，日月星辰镶嵌在天盖上，随着天盖一起每天旋转，如图1-6所示。

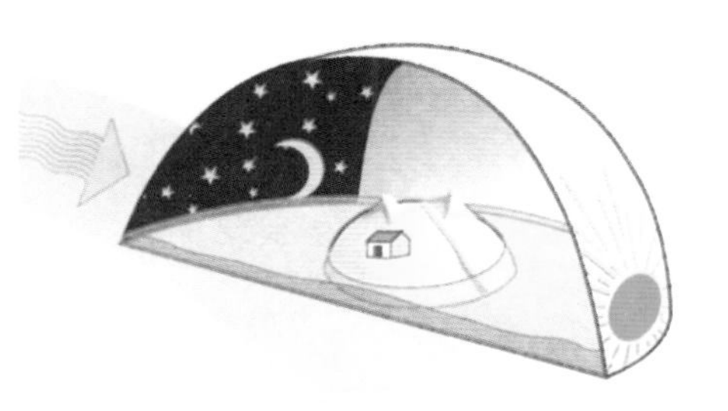

图1-6　盖天模型

三国时期的陆基、刘洪、葛衡、王蕃等天文学家都支持“浑天说”。“浑天说”在东汉至三国时期非常流行，《三五历纪》中说“天地浑圆如鸡子”，正反映了当时人们的天文观念。浑天模型把苍穹看作一个绕着极轴自西向东旋转的球壳，所有的天体附于其上，如图1-7所示。虽然人们无法判断地的形状是平的还是圆的，也为太阳、月亮和金、木、水、火、土五星是向东还是向西旋转争执不休，但都一致认为恒星都是随天一起自西向东旋转的。

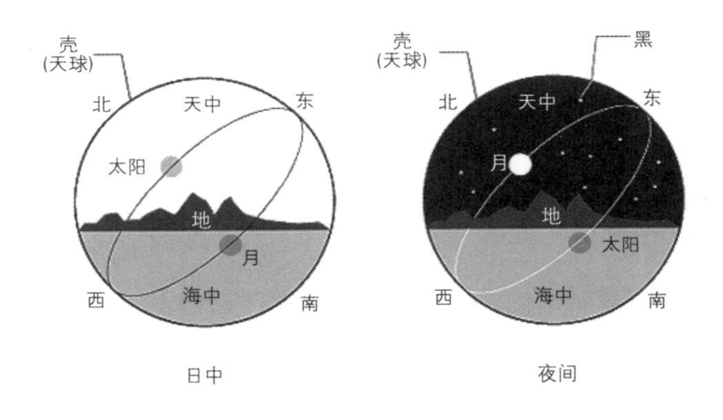


**图1-7** 浑天模型

而宣夜模型则与现代的宇宙观更为相似，它抛弃了伞笠或球壳的固体天假设，大胆猜测宇宙是无边无际的，天体都飘在虚空之中相互远离，并受到一种“气”的推动而各自运行。在西方，最先由意大利哲学家布鲁诺在16世纪时提出了相似的宇宙无限的观点。

无论是西方还是东方，由于都受到观测条件的限制，早期的天文学都根据人类肉眼可见的明亮天体的运动规律，辅之以各种各样的想象和推断，来构建自己的宇宙结构学说。例如，由于太阳和星辰每天东升西落，看起来似乎在围绕着地球转动。由托勒密创建的“地心说”就认为地球是宇宙的中心，并且作为西方的主流宇宙观被信奉了千年之久。

在欧洲，经过漫长的中世纪后，“地心说”逐渐被颠覆。1543年，波兰天文学家哥白尼发表了著名的《天体运行论》，提出了与“地心说”完全相反的“日心说”。在这部著作中，哥白尼提出地球并非宇宙的中心，而是在环绕太阳做圆周运动（1年1周），同时还做自转运动（1日1圈）——人们所看到的一切“日升月落”的景象其实并非来自于外部的运动，而是来自于地球自身的运动。

**图1-8** 哥白尼“日心说”模型

这在当时看来简直就是离经叛道，而对于一大批后来赫赫有名的科学家来说，却好比夜航中的灯塔，照亮了他们前进的方向。到了17世纪，由天文学家与物理学家合奏的“第谷—开普勒—牛顿”三部曲最终实现了天文学的根本变革，并为“日心说”提供了确凿的证据。1687年，牛顿发表了《自然哲学的数学原理》，这本划时代的巨著直接促进了英国的工业革命，成为人类

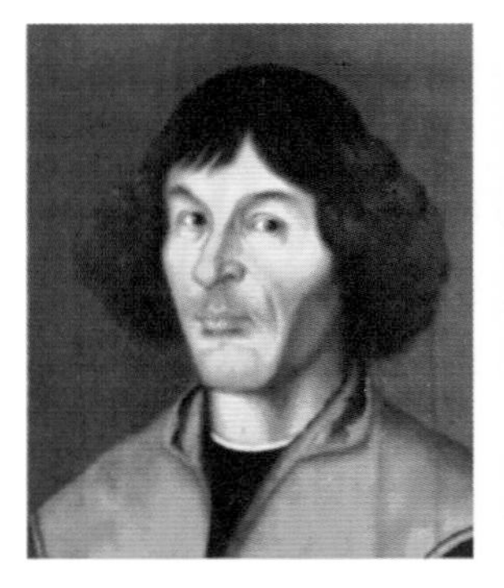

**图1-9** 哥白尼（左）、伽利略（中）、牛顿（右）

掌握的第一个完整的科学理论体系。书中阐述的万有引力理论证明，太空的天体与地上的物体一样，遵循着同样的运动法则。

根据万有引力定律，宇宙中任意两个物体都是相互吸引的。引力的大小与它们的质量的乘积成正比，而与它们距离的平方成反比。所有天体的运动都可以用万有引力来加以说明，并可以据此预测天体的运动。牛顿指出，地球悬浮在虚空之中，太阳和地球之间存在引力，从而能够牵引地球，并以向心力使地球围绕其旋转。为了验证万有引力理论的正确性，人们将计算得出的天体运动轨迹与实际的观测相对比，其结果正相符合。

从此，现代天文学踏上了崭新的旅程。如果说正确的理论是使天文学这个“巨人”站立起来并向前行走的一条腿，那么另一条腿就是在同一时代，由伽利略开启的“天文革命”——天文望远镜的发明。借助望远镜，人们大大扩展了观察视野，面对展现在眼前的浩瀚而多姿多彩的星空，人类逐渐意识到，悬挂在夜空中的繁星比想象的要巨大得多、遥远得多，并因此真正开始接受地球不是宇宙中心的事实。

## ② 千里眼

中国古典小说《封神演义》中写道，殷纣王有两个神武的将军，是兄弟俩，兄为高明，弟为高览，高明能眼观千里，高览能耳听八方，所以又叫“千里眼”和“顺风耳”。就在《封神演义》的作者写书的时候，远隔万里的欧洲已经发明了真正的“千里眼”——望远镜。

没有人确切地知道望远镜是谁发明的，一种较多人认可的说法是：望远镜是由17世纪初一位荷兰的眼镜制造者发明的。第一个获得望远镜专利的人是荷兰光学仪器商里帕希，他在1608年申请到该项专利后，便毫不迟疑地开始着手制作望远镜，并将之出售给荷兰政府。水手们最先发现望远镜的奇妙，于是在军事和航海中开始出现望远镜的身影。

第一个将望远镜用于观测天空的人是意大利著名科学家伽利略。1609年，伽利略从友人来信中知道了望远镜的消息后，凭借自己深厚的光学知识，很快就搞懂了望远镜的原理。他通过精密计算，研制成功了一架放大倍率为3倍的望远镜，接着又研制出了放大倍率为8倍的望远镜。就这样，经过反复的研制和试验，伽利略终于在1609年8月发明了世界上第一架能放大33倍的望远镜。这是人类历史上第一架指向浩瀚宇宙的天文望远镜。

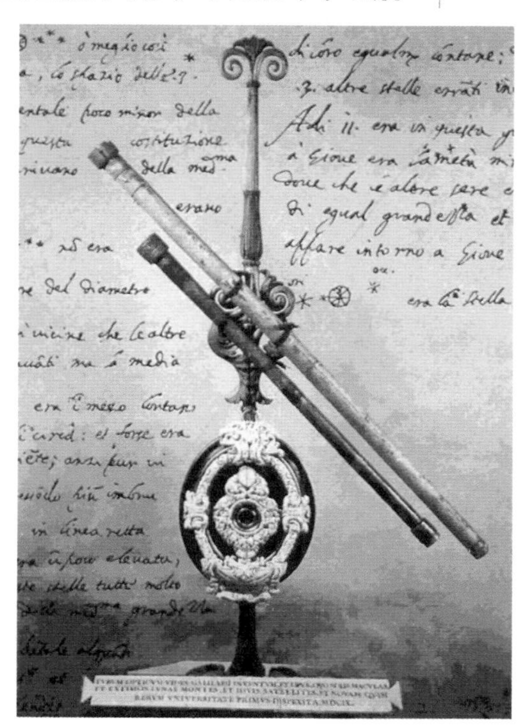

图1-10　伽利略制作的第一架望远镜和他的手稿

扫码看视频

伽利略把这架望远镜指向天空，他惊讶地发现了月亮上的环形山，又发现银河原来是由许多恒星组成的，并且看见了木星的四颗卫星、金星的位相变化和太阳的黑子与自转。就这样，他带领人类跨出了想象的界限，开始用全新的视角来观察真实的宇宙。因此，有人说："哥伦布发现了新大陆，伽利略发现了新宇宙。"

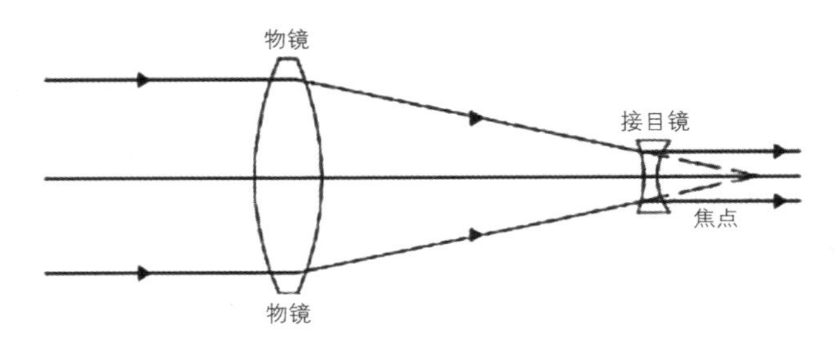


**图1–11** 伽利略望远镜光路图

伽利略望远镜是折射式望远镜的鼻祖，而现有望远镜中最常见的反射式望远镜则来自牛顿的发明。折射式望远镜口径越大，镜筒就需做得越长，且巨大的光学玻璃浇铸起来十分困难。与此同时，由于白光穿过物镜时会产生虹彩即色差现象，从望远镜中看到的图像因此会变得模糊。为此，牛顿于1668年首先提出了一个完全不同的思路——用特定形状的反射镜，把平行光汇聚在一起而聚焦成像。与折射望远镜相反，反射望远镜完全不存在色差，而且光只在镜子的表面反射一次，因此镜面对光的吸收很少。虽然采用球面反射镜作为主镜会产生一定的球差，但用反射镜代替折射镜却是一个巨大的进步。

"望远镜"被发明出来的目的就是看更远的物体。可是，望远镜是通过什么原理使人看到更远处的物体的呢？从理论上来说，只要远处物体与我们之间没有遮挡物，而且光源的距离不是无穷

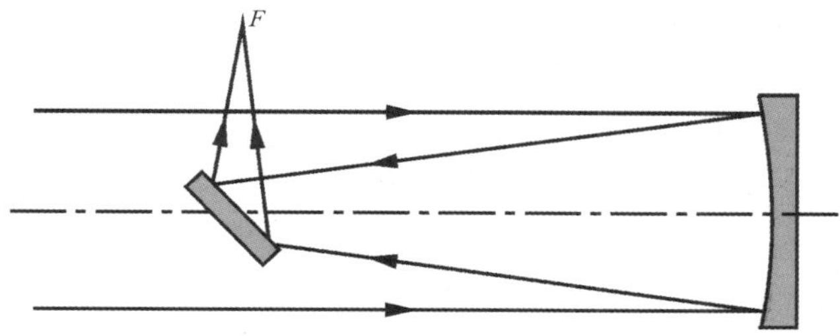


图1-12　牛顿望远镜与其光路示意图

远，我们总是能够看到它的。

但是，光到达我们眼睛之后，到底能不能被我们的视神经感知到，从而产生“看到”的感觉，则是另一个问题。要弄清这个问题，首先需要了解我们的眼睛是如何看到外界事物，即产生视觉的。

如图1-13，简单来说，我们的眼球可分为分布着感光细胞的视网膜和折光系统两部分，能够对光学波段范围内（约370—740纳米，即可见光部分）的电磁波刺激产生反应。当物体通过自发光或者反射光将可见光信号传给眼睛后，光信号通过折光系统能够在视网膜上成像，再经视神经传入大脑视觉中枢，由其中的相关部分进行编码加工和分析，从而使我们获得被称为“视觉”的主观感觉。因此，通过眼睛所接收到的可见光，我们就可以分辨出视觉范围之内的发光或反光物体的轮廓、形状、大小、颜色、远近、表面细节等。

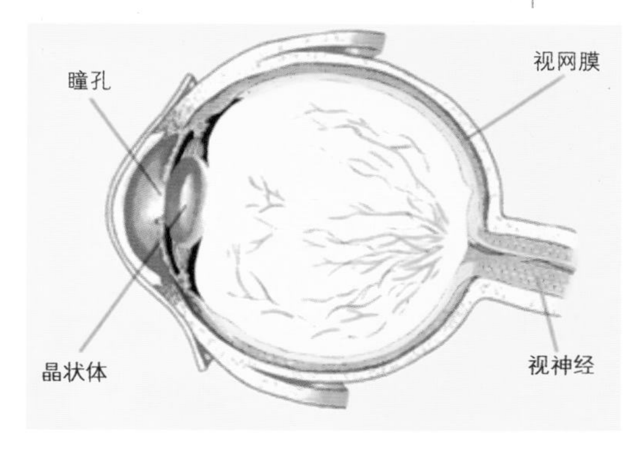


图1-13　人眼的构造示意图

对于宇宙来说，在可见光波段，因为背景是黑的，所以一个

图1-14　星系M 81和M 82

图1-15　仙女座星系

天体只要够亮，哪怕它离我们非常遥远，比如恒星都远在几个光年之外，它们发出的光仍然能够传到我们这里，并激活我们的视神经，被我们看见。在地球上，人的肉眼可见的恒星全天约有6000多颗，并且几个光年之外的恒星仍然不是我们能够看到的最远天体——还有比恒星明亮许多的天体，比如星系。实际上，我们仅通过肉眼就可以看见距离我们足有上百万光年的天体，比如仙女座星系。甚至有人报告说，在最晴朗、最黑暗的夜空中，能够看到M 81——这个星系距离我们超过1000万光年（注：光年为距离单位，一光年指光一年走过的距离，约为$9.46\times10^{12}$千米）。

由于人眼的分辨率存在一定的极限，当物体很远时，对于观测者而言，其张角是很小的，当两个点的张角小于1角分时，人眼以及感光元件就无法区分了，因为此时物体只能落在一个感光像素上，成为一个点。并且，人眼瞳孔的直径最大也就8毫米，集光能力十分有限，进入人眼的光线微弱到低于一定强度时，就无法对视神经细胞产生有效的刺激，使其将光信号转化为电信号传给大脑，人眼也就无法对发光体产生视觉了。

而光学望远镜正是利用一定的光学系统，通过改进两个方面来达到“望远”的目的。第一，是将物体所成的“像”拉到近处，相当于增加了被观测物体上两个点在观测者看来的夹角，使原本低于人眼分辨率的物体可以被分辨出来；第二，通过更大的口径来将更多的光汇聚到人眼里，这样就可以让我们看到更暗弱的目标。比如口径30毫米的望远镜的集光能力是人眼的9倍多，而这个口径在望远镜里只能算是“小个子”。

准确地说，天文学是一门“观测的科学”，这个“观”是远远地看，而“测”也是远远地测量，对象是天体发出的电磁波。对于望远镜而言，首要任务是“看见”这种电磁波，然后才能进行测量，并深入研究。因此，“观”的能力是第一位的。

望远镜越大，聚光能力就越强，也就能看见原先看不见的更大的范围。但问题是天文世界里看不见的范围太大了！举一个众所周知的例子：我们有理由相信银河系中存在着数以亿计的行星系统，但是迄今人类认识到的这种系统仅有一个完整的样本——太阳系。而要深入地认识太阳系之外的行星系统，最早也要等到下一代的望远镜问世。这样的例子并非独一无二，事实上宇宙空间的天体不可胜数，而今天我们观测到的仅仅是其中极小一部分。不论是在行星层次、恒星层次，还是星系层次，为了实现对更暗弱的样本、更精微的细节的追求，对更深入、更广泛的领域的开拓，对更多、更新的机遇的搜索，望远镜的能力即使成百上千倍地增加，也不嫌过分。

一代代天文学家总是尽其所能把望远镜的口径做大，可以说，要提高望远镜的性能，首要的工作就是做大口径。做大望远镜的口径成为望远镜发明以来400多年里天文学上“永恒迫切的课题”。我们姑且把这个观点称作天文学的“大设备战略”。

天文学的这种大设备战略贯穿在整个天文学探索过程中。下面三个历史人物分别是三个不同历史时期的里程碑式人物。

第一位是伽利略。当时他以口径仅几厘米的第一代望远镜开拓了一片新天地。在不到两年的时间里，他就磨制了不下五架望远镜，陆续发现了月面上的结构、银河带上的恒星、日面上的黑子、木星的卫星……至今还没有人能在这么短的时间里开辟出这么多的研究领域！

第二位是英国天文学家威廉·赫歇尔。18世纪后期，天文实测进入太阳系天体的探索测量和恒星世界的大规模观测。赫歇尔和他的妹妹于1773年开始了他们持续一生的星空探测之旅。他们磨制了各种反射望远镜，口径从十几厘米一直到30厘米。这些望远镜的质量当时在世界上首屈一指，这使他们得到了更加清晰的星像，并做出了更精确的测量。1781年，天王星的发现使赫歇尔声名鹊起，也激发了他制造大望远镜的雄心。他们先是克服了种种困难制成了口径91厘米的反射望远镜，随后在1786年得到英王

扫码看视频

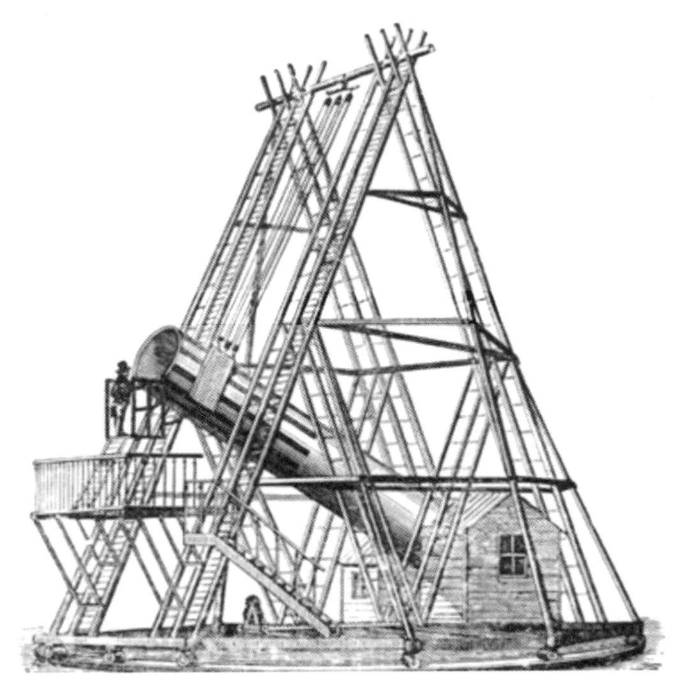

图1–16　赫歇尔望远镜

乔治三世的资助，着手建设一架口径122厘米、镜身长12米的望远镜，于1789年完成。这架望远镜实现了在口径上的大幅度跨越，可以认为是现代意义上的一台国家级的“天文大设备”。

赫歇尔的工作使天文学的研究领域扩展到了恒星世界的各个方面。他发现了800多对双星，3000多个星团、星云；用10万多颗恒星的数目统计建构了一种银河系结构模型；利用恒星运行的资料推测出太阳在银河系中的运动方向等。经过“赫歇尔时代”，银河系整体研究和星系世界的探测呼之欲出。

第三位则是活跃在20世纪上半叶的美国天文学家G.E.海尔。海尔以他对天文科学的远见和出众的活动能力，成为现代实施天文大设备战略的典范。

当时天文学对于“银河系就是我们的宇宙”还是“在银河系之外仍然天外有天”的争议，广受关注。与此同时，天文学和物理学联手促进光谱学的进步，加上量子力学的横空出世，使得天体光谱测量成为天文实测的首要利器。这两者从不同方向共同呼唤大型精密望远镜。而且在这个时期，大块玻璃的浇铸技术和镜面镀银技术不断成熟。继1897年完成了叶凯士100厘米的折射望远镜之后，海尔决定向大型化精密反射望远镜的制造发起攻坚。他选定了威尔逊山台址，于1908年建成150厘米反射望远镜，1917年又建成了2.5米望远镜，这在当时的天文设备中是很大的超越。接着他开始了一项在那个时代堪称惊世骇俗的计划：在帕洛玛山建一台5米反射望远镜。1929年，他筹到了经费，启动建设；1948年，5米望远镜投入运行，此时海尔已离世十多年了。这台望远镜被命名为“海尔望远镜”，代表了当时天文光学和精密机械制造的最高水平，可谓“独领风骚三十年”。其间实现了把天文实测开拓延伸到星系世界、宇宙整体，出现了哈勃定律等重大科学发现，天体物理学及其各个分支进入现代科学发展的主流，成为这一时期实测天文学的主导。

图 1-17　海尔望远镜圆顶

但是，望远镜口径越大，则每次能有效观测的天空范围就越小，所以对于宇宙中不可胜数的天体来说，如果用大型反射望远镜来做一个系统性观测，大约要耗费几千年甚至上万年的时间。要想解决这个问题，望远镜的视场就不能太小，因而其口径就不宜太大。但另一方面，为了能探测很暗的天体，望远镜的口径又必须足够大。显然，这两者是相互矛盾的。如何增大望远镜的视场，也就是使望远镜成为广角的望远镜呢？这是科学家们多年以来一直在努力解决的问题。

图 1-18　勃恩哈德 · 施密特

令人激动的突破发生在1931年，德国光学家勃恩哈德 · 施密特的巧妙设计使天文学家的这一愿望变成了现实。1926年，这位47岁的“独臂将军”来到汉堡天文台工作。他利用天文台的地下室，建起了一间十分简陋的光学实验室，在那里开始了他的事业。经过几年潜心研究后，他创造了举世震惊的奇迹：一架主镜口径48厘米，改正镜口径36厘米的折反式望远镜诞生了。

与之前的折射望远镜和反射望远镜都不同的是，这种折反式望远镜的光路非常巧妙：它将一块球面主镜放在镜筒的后面，另一块波浪形的透镜则放在主镜前适当的位置，称为改正镜。改正镜与主镜的口径比例大约为2∶3，看起来它们像是结合为一个整体，但其光学结构并不简单。折反式望远镜的焦点不是聚焦在一个平面上，而是聚焦在一个曲面上。

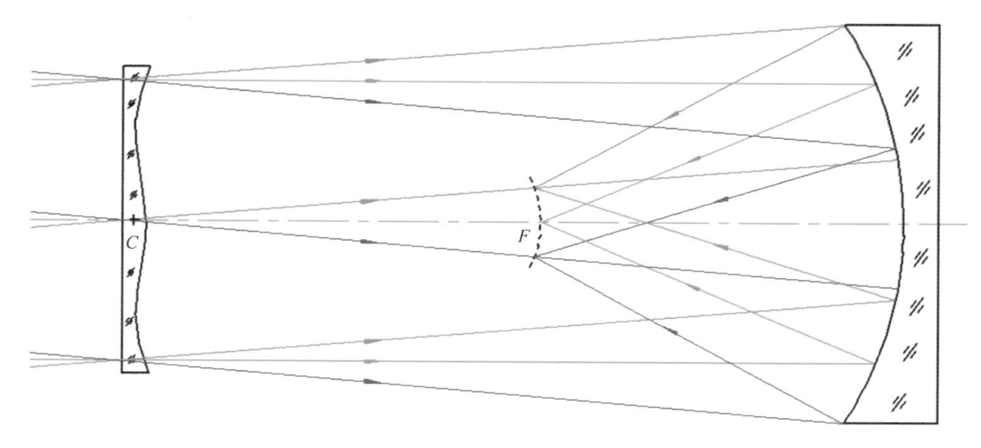


**图1-19** 施密特望远镜光路图

这样的设计兼具了折射镜和反射镜的优点。球面反射镜作为主镜时会产生球差，影响成像质量，而波浪镜的透镜正好能改正光线经过反射镜时的各种像差，使望远镜得到了折射镜一样的大视场和反射镜一样的高清晰度。为了纪念他的伟大功绩，人们将施密特设计的这种折反式望远镜统称为施密特望远镜。

施密特望远镜的视场一般可达到6度左右（20—30平方度），比相同口径的反射望远镜的视场大了十多倍，即便是增加了像场改正器的反射望远镜，也无法达到这样大的视场。这种望远镜集光力强、像差小，适合于拍摄大面积的天区照片，尤其是对暗弱的星云的拍照效果非常突出，是视场最大的望远镜光学系统，在大范围观测天体中起着不可替代的作用。

这种系统地登记全天各类天体的工作，天文学家称之为“巡天”。就像人口普查一样，巡天是对整个天文世界的天体进行普查，即对整个天空或一定天区中所有可观测到的天体进行普查，记录它们的方位、形状、亮度和颜色。当对一定数量的天体的基本性质有了了解之后，天文学家就可以选出其中表现出特殊性质的天体，通过光学望远镜或者其他波段的望远镜，如红外、射电、X和γ射线等，对它们进行进一步的精细测量和研究了。

很快，施密特望远镜就在世界各国天文台中得到了广泛的应用，我国的几大天文台也都安装了口径不同的施密特望远镜。天文学家利用这些大视场的施密特望远镜，取得了很大的成就，例如中国国家天文台（当时名为北京天文台）的天文学家用一架60厘米×90厘米施密特望远镜发现了大量的超新星和小行星。

目前，全球最大的施密特望远镜是Alfred Jensch施密特望远镜，位于德国的史瓦西天文台，于1960年建成。其反射镜直径长达2米，改正镜直径为1.43米，焦距为4米，视场为3.4×3.4平方度。第二大的施密特望远镜就是创造了照相底片巡天最后辉煌的帕洛玛巡天所使用的Samuel Oschin施密特望远镜。它不仅以5米海尔望远镜的配套设施闻名于世，还创造了北天最早的大规模大视场巡天星图，其结果在其后50年内成为众多巡天计划的向导。1948年落成的Samuel Oschin施密特望远镜口径为1.86米，改正镜为1.22米，竣工时是当时规模最大的宽视场望远镜。

在某种意义上，这是一类特种望远镜，它的特定用途就是进

图1-20　美国帕洛玛天文台施密特望远镜

行巡天类的观测。在一架施密特望远镜的视野中，所包含的天体可多达几十万个。如果发现了什么特别有趣或可疑的东西，可以进一步利用巨型望远镜来更加精细地考察它们。所以，即使有了施密特望远镜，天文学家还是需要越来越大的反射望远镜。

## ③ 越造越大的超级武器

如果你观察过猫的眼睛，就会发现，在中午光线比较充足的时候，猫眼的瞳孔是长窄条的；而在晚上光线暗的时候，猫眼的瞳孔则是又大又圆的。这是因为瞳孔越大，进入眼睛的光线就越多，因而能看到更暗的物体。

望远镜的口径就和猫的眼睛的瞳孔一样，口径越大，就能看到越暗的天体。实际上，望远镜的聚光能力与它的接收面积成正比，也就是与望远镜口径的平方成正比。人眼的瞳孔最大是8毫米，可以看到6等星。如果用眼睛通过口径为8厘米的望远镜来观

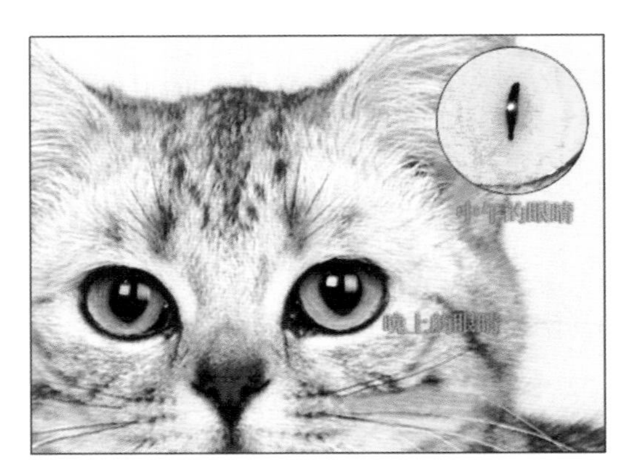


图1-21　猫的瞳孔随着环境光照强度变化而变化

测，就可以看到暗100倍的天体（100倍相当于5个星等，也就是可看到暗至11等的星）。而使用8米口径的大型望远镜来观测，还能看到比8厘米望远镜再暗1万倍的星，即能看到暗至21等的星。

大型望远镜的另一个好处是，口径越大，对天体细节的分辨能力就越强。一般来说，望远镜的衍射分辨率是1.22角秒（$\lambda/D$，$\lambda$是入射光的波长，$D$是望远镜的口径）。也就是说，望远镜口径越大，空间分辨率就越高。人眼的分辨能力大约是0.5角分（1度＝60角分），也就是30角秒（1角分＝60角秒），而8厘米口径的望远镜的分辨能力为1.75角秒，8米口径的望远镜的分辨能力则可达0.0175角秒。

人们对大望远镜的需求是无止境的，因此，更大的望远镜不断地被人们制造出来。到19世纪中叶，折射和反射两类天文望远镜都得到了极大的发展。一类是从伽利略开始的折射望远镜，其最大口径达到38厘米，该望远镜于1847年被安装于美国哈佛大学天文台，为研究恒星做出了杰出的贡献。另一类是从牛顿开始的反射望远镜，其最大口径达到1.83米，由英国的罗斯伯爵于1845年建成，他用这架望远镜发现了一些星云具有旋涡结构，50年后人们确认这些星云是旋涡星系。

至19世纪末，折射望远镜发展到顶峰。克拉克父子制造的口径为91厘米的折射望远镜于1888年在里克天文台启用。随后，小克拉克又独立研制了1.01米口径的折射望远镜，于1897年在叶凯士天文台启用。

1917年建成的2.54米口径的胡克望远镜是帮助哈勃确定河外

星系的有力助手，并且通过认识星系的红移（指物体的电磁辐射由于某种原因波长增加的现象，在可见光波段，表现为光谱的谱线朝红端移动了一段距离，即波长变长、频率降低），哈勃提出了著名的“宇宙膨胀”理论。1948年建成于帕洛玛山天文台的5.08米海尔望远镜，结束了胡克望远镜作为世界最大望远镜的历史。海尔望远镜从设计到制造完成经历了20多年，它比胡克望远镜看得更远，分辨力更强，是这类反射望远镜的巅峰之作。正如阿西莫夫所说：“海尔望远镜就像半个世纪前的叶凯士望远镜一样，似乎预示着一种特定类型的望远镜已经快发展到它的尽头了。”1976年，苏联建造了一架口径6米的望远镜，但它发挥的作用还不如海尔望远镜，这也从一个方面印证了阿西莫夫所说的话。

20世纪七八十年代以后，由于主动光学技术的出现，世界各国纷纷启动建造更新型大型光学望远镜的计划。为了望向更深的宇宙，人类在这条艰难崎岖的道路上摸索前行，一个又一个曾经看似难以逾越的障碍和瓶颈，在无数科学工作者的奇思妙想和辛勤努力下，逐渐成为历史。

分别于1990年和1996年建成的美国两台凯克（Keck）望远镜

图1-22　凯克望远镜

位于夏威夷的莫纳克亚山上，口径均为10米。为了克服单镜面难以做大的难题，凯克望远镜率先尝试用36个六边形小镜面拼接作为主镜，开辟了镜面做大的先河。如今凯克望远镜已经顺利实现了一维光干涉，正在为达到二维光干涉目标进行着不懈的努力。

甚大望远镜（VLT）是由欧洲南方天文台建造的四台8.2米口径的望远镜，分别于1998年和2000年两次被安装于智利的塞罗帕拉纳。VLT通过应用主动光学技术，使每个镜筒内的副镜可受控进行微小的转动和伸缩，从而能够随时对光束进行校正。四个望远镜组合的等效口径达到了16米，既可以单独使用，也可以组成光学干涉仪。当前VLT已实现了对亮于6等的星体的高分辨率光的干涉观测。

图1-23　甚大望远镜

此外，还有口径8.2米的目前世界上最大的单镜面反射望远镜——昴星团（Sabaru）望远镜，其主镜由91块八边形镜面拼接而成。等效口径为9.2米的HET望远镜，两个口径8.1米、分别装在夏威夷的莫纳亚克和智利的塞罗帕琼的双子座望远镜……十多架已建成的放置于世界各地的大口径望远镜紧锣密鼓地开始了观天的旅程。

时至今日，最大的光学望远镜的口径已经达到了10米，并且建设更多巨型望远镜的计划正在不断地被提上日程。20米，30米，40米……越来越多的“观天巨眼”正准备望向太空的极深处。在这背后，是无数科学工作者的呕心沥血，是一个又一个如同科幻一般的创新技术的实现，是浩瀚无限的宇宙对人类的永恒吸引，也是人类从未停止探索未知的勇敢的心。

## ④ 星星的照片

在伽利略发明天文望远镜以后200多年的时间里，人们都是直接用眼睛通过望远镜来观测天空的。观测者一边通过望远镜观测，一边将看到的东西用笔画下来。可以想见，即使是同一个天体，不同的人观测后画下的图像也会是不一样的，这就是所谓的“人差”，即因人而异所造成的误差。

与人的眼睛相比，照相底片具有很多优势。使用照相底片可以真实而客观地记录观测结果，从而可以对天体的位置和天体的亮度进行精密的测量。

1827年，法国艺术家尼普斯发明了照相术，此后，照相术迅速发展成了一门成熟的技术。19世纪中叶，照相术被应用到天文学后，测量天体亮度的科学——天体测光术才真正建立了起来。

使用照相底片可以拍到比直接由人眼睛观察到的暗得多的天体，因为照相底片可以曝光几十分钟甚至几个小时，而人眼却只有0.1秒的曝光时间。同样的探测器，曝光时间越长，所接收的光就越多，就能“看到”越暗的天体。

为了拍到暗弱的天体，就需要对底片进行长时间曝光，或将多次曝光结果叠加。在这么长的时间里，由于地球大气的折射作用，星星会偏离它应在的位置，而且越接近地平线，这种偏离就越大。此时，仅靠望远镜的跟踪移动就不够了，还需要观测者进行导星。一般是在主望远镜的镜筒外装上一个指向平行的小望远镜，这个小望远镜叫导星镜，观测者转动望远镜使得待观测的天体位于导星镜中间的十字丝上，在观测过程中不断调整望远镜以保持星星一直处于十字丝中间。为了得到一张高质量的天文照片，观测者要在漆黑寒冷的深夜，几个小时一动不动地紧盯着导星镜，可以想见，这是一项多么艰辛的工作！

天文照相底片不是我们熟知的那种照相胶卷，它是一种玻璃干板，是将照相感光材料涂在玻璃板上而制成的。玻璃干板的好处是不会变形，从而能够保证测量的精度。人们还发明了一种“底片敏化”技术，使得照相底片的感光度大为提高。这样，原来需要曝光几个小时才能拍到的天体，使用敏化过的底片只要曝光半小时就行了。

一直到19世纪末，照相底片都是人眼以外唯一有效的探测器。进入20世纪以后，由于电子技术的发展，人们开始研究光电转换技术，寻求能把光信号转变为电信号的探测器。

从1910年开始，一些光电器件首先被用来进行光电测光的工作。第二次世界大战后，光电倍增管在天文观测中开始得到广泛的应用。使用光电倍增管测量天体的光度，获得的精度比用照相底片高得多。直到此时，人类都只能通过有限的可见光波段来观察宇宙，因此提高测光的精度就成了重中之重。

光电倍增管具有高精度测光的能力，20世纪50年代，美国天文学家约翰逊和摩根利用光电倍增管，并配上在紫外（U）、蓝（B）和黄（V）三种特定波段上的滤光片，创立了UBV三色测光系统。之后，人们又将其扩展到红（R）和红外（I）等波段，构成了UBVRI多色测光系统。从此以后，如果有人谈到天体的亮度

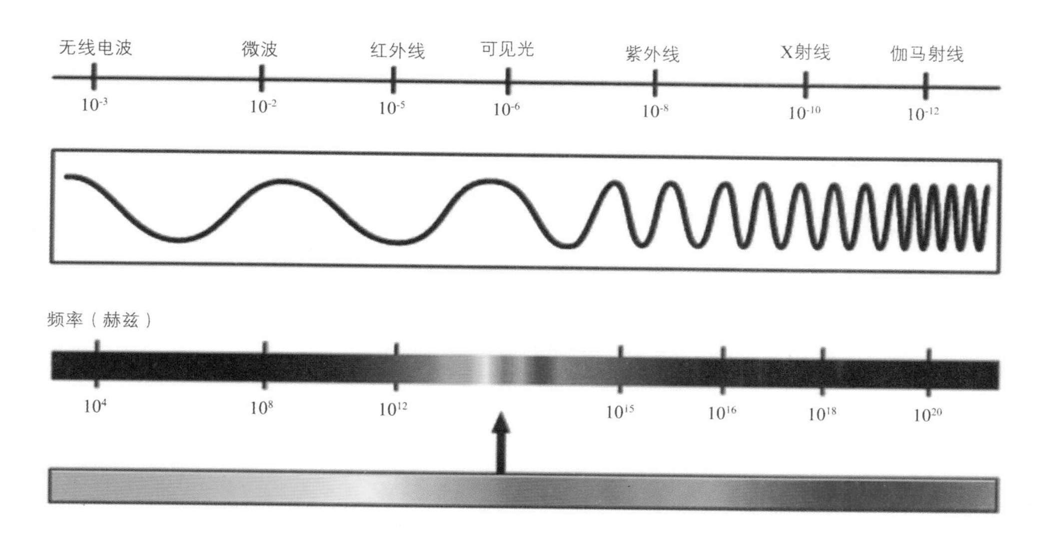


**图1–24** 电磁波波段示意图

或星等时，就需要说明它处于哪个波段上。要得到天体的真彩色照片，天文学家会先使用B滤光片拍一幅单色照片，再用V滤光片拍一幅单色照片，最后使用R滤光片拍一幅单色照片，拍完后将三幅照片合成真彩色照片。在日常生活中，我们会使用彩色胶卷来拍彩色照片，但在天文观测中很少采用这种方法。

虽然光电倍增管有很多优点，但是用它每次只能测量一个天体，而无法得到像照相底片那样的有很多天体的图像。于是，人们又研制了各种各样的光电成像器件，例如像增强器、电子照相机、电视型探测器、固体二极管阵等，期望能够完全替代照相底片。

到20世纪80年代，电子耦合器件（CCD）开始在天文学中得到逐步应用。大家也许对CCD并不熟悉，其实目前它已经成为数码相机、数码摄像机和扫描仪中的核心部件，它能把光学影像转换成电子信号。与照相底片相比，CCD更灵敏，它能探测到更暗的天体；CCD的测光精度也比照相底片的精度高得多；更重要的是，CCD所得到的图像就是数字化的，因而可以很方便地利用计算机来进行处理、分析和测量，并且如同照相底片那样，一次可以得到一片天区内许多天体的图像。这样，到20世纪90年代，世界上几乎已没有天文学家使用照相底片，而完全由CCD探测器取代了。后来，柯达公司宣布不再生产天文照相底片，从此，天文照相底片正式退出它辉煌了100多年的历史舞台。

## 5 星光里的彩虹

图像能够提供的信息实在太有限，即便是最大的天文望远镜也不能“看清”星星的表面，因为星星离我们实在太远。面对遥远的星空，若想一一地去深刻了解，似乎只能望“星”兴叹。1825年，法国哲学家孔德在《实证哲学讲义》中断言：“恒星的化学组成是人类绝不能得到的知识。”

扫码看视频

然而，孔德的预言仅仅在30年之后就被推翻了。

那么，星星离我们是如此遥远，而星光又是如此微弱，即使是夜空中最亮的恒星——天狼星发出的光，也仅仅是太阳光的亿万分之一，用什么方法可以让远在数亿光年之外的星星“告诉”我们它的秘密呢？

如同雨后空气中的水分子能够将太阳光中不同颜色的光折射出一道绚丽的彩虹一样，遥远的天体所发出的微弱的光也能够被分解成一道道美丽且独一无二的“彩虹”。这道“彩虹”，就是它的“指纹”，利用这一“指纹”，科学家能够将每个天体标识出来，你相信吗？事实上，科学家们正是通过星光来研究星星的秘密的。

早在17世纪，牛顿就用三棱镜发现太阳光是由七色光组成

**图1-25** 雨后的彩虹是由太阳光经空气中的水滴折射形成的

的。1814年，德国光学仪器师夫琅和费为了检验自己制造的棱镜的质量，让太阳光通过一个狭缝后再通过棱镜，然后照在一个屏上。由于玻璃对各种波长的光的偏折程度不同，太阳光就在屏上呈现出不同颜色的光带，这就是所谓的光谱。在太阳光谱中存在着很多暗线，共有574条。他用衍射的方法测得它们的波长，并制成表格，用字母A、B、C等命名了其中一些主要的线。

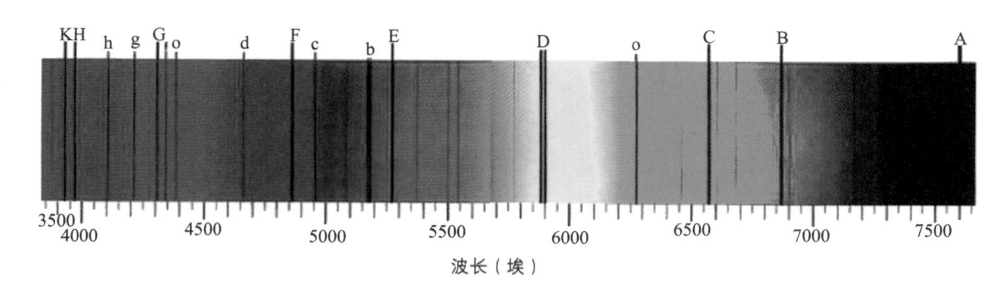


**图1-26** 夫琅和费的太阳光谱图

其中彩色的部分被称为连续光谱，是液态或固态物质因高温激发而发出的多种波长的光，如白炽灯光或日光；而当气体分子在高温下被激发时，会产生电子能级跃迁、分子振动能级跃迁和转动能级跃迁现象，从而形成带状光谱；如果是气态原子或离子受高温激发，就会引发外层电子产生跃迁现象从而形成线状光谱。

如果将恒星看成是一个会发光的灯泡，它所发出的光在棱镜的折射下，就会变成连续的彩色条纹。但星光在穿越宇宙空间的时候会遇上各种星际介质，当穿越冷气体团时，气体中所含有的物质的粒子成分会吸收掉某些特定波长的光，于是就在连续谱中产生了暗线。而发射线则是热气体的谱线，气体中所含有的化学元素会通过连续谱上的亮线显示出来。再对照标准谱线表，人们就可以知道这个混合物中具体含有哪些化学元素。换句话说，星光背后的故事就这样被分离和解读了出来。

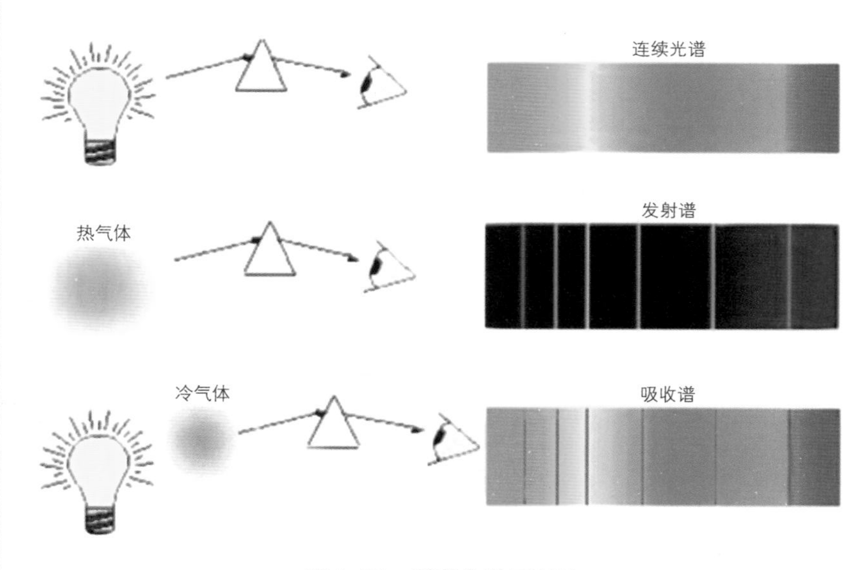


**图1-27** 光谱类型示意图

让我们来看一个实际的例子。图1-28的上半部分给出了Ba、Ca、H、Na四种元素的发射线光谱，下半部分则是一颗恒星的光谱，由其中暗线的波长对应可知，这颗恒星的大气中含有Na、H、Ca元素。

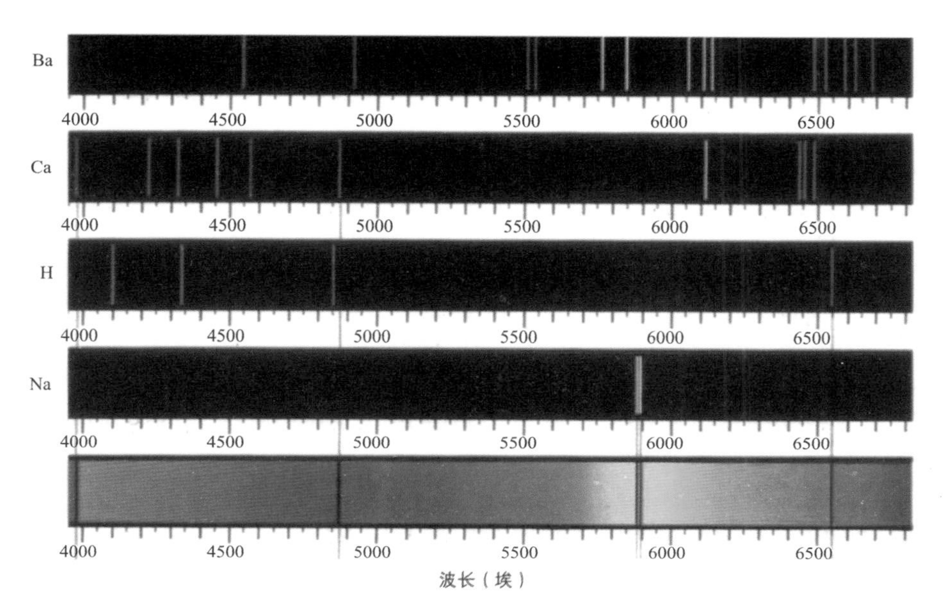


**图1-28** 吸收光谱与不同原子谱线对比图

恒星光谱一般是在连续谱上有吸收线，少数恒星光谱中除吸收线外还有发射线，而有些恒星光谱中只有发射线。发射线一般是由离星体较远处的稀薄气体即星周气体产生的，但这些气体延伸范围很小，观测者无法将星周气体同星体分开，所以其实观测到的是恒星光谱和星周气体光谱的混合。

事实上，吸收光谱是与发射光谱相对的。产生谱线的原因在于：原子和分子在吸收特定的能量后会改变状态。原子的状态是由电子在原子轨道上的位置来决定的。在某一个轨道上的电子在吸收一个能量相等于两条轨道的能量差的光子之后，可以被激发到能量较高的轨道上。而分子的状态则由振动和转动的模式来决定，振动和转动的模式像原子的轨道，也有一定的量，也可以在吸收一个光子之后被激发。分子和原子的激发态都不能维持，经历很短的一段随机的时间后，被激发的原子和分子就会回到原来能量较低的状态。在原子内部，电子被激发后会释放出一个光子，回到能量较低的轨道；而在分子内部，振动或转动减缓时也会释放出一个光子。因此观测者会在光谱中看见一个波长与被吸收的能量一致的空隙，呈现为黑色的吸收线。

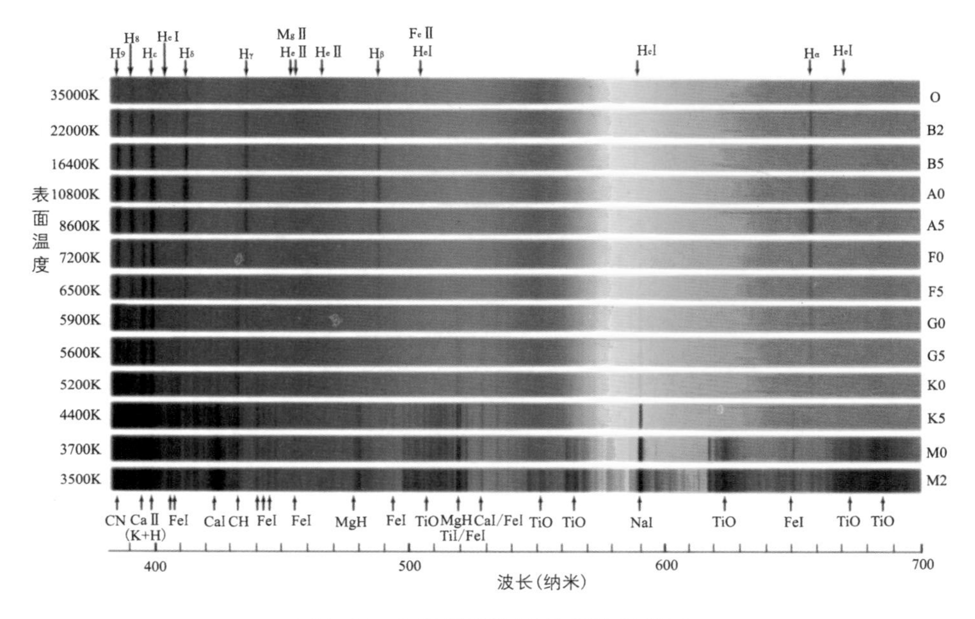


**图1-29** 不同类型恒星的标准谱线表

天文学家使用这个强有力的工具——天体分光术，将星光通过天文望远镜和分光镜，分解成连续光谱，再对被拍照后的光谱进行研究。由于每颗星的光谱的谱线数目、分布和强度等均不一样，这些特征不但包含着从照片中看不到的许多天体化学信息，如何种元素、含量多少等，还隐藏着一些重要的物理信息，如温度、压力、密度、磁场、运动速度等，甚至连恒星的年龄都包含在内。通过对天体的光谱进行分析，我们就可以知道遥远星星上的各种秘密。

为了拍摄一条星星的光谱，天文学家常常要在天文望远镜旁等待曝光几小时甚至几个夜晚，专心致志，彻夜不眠。幸运的是，随着科技的发展，现在世界上大多数望远镜都使用计算机进行数据存储和分析，科学家的工作强度大大减轻，对苍穹的探索速度也呈指数级增长。

随着对星星了解程度的增加，人们惊讶地发现，虽然星光看起来差别微乎其微，但事实上它们不仅彼此亮度不同，颜色也互有差异，如心宿二（即天蝎座α）是红色的，参宿七（即猎户座β）是蓝白色的。恒星不同的颜色源于它们不同的表面温度：蓝白星的表面温度很高，大约是25000—40000K（开尔文）；白星的温度比蓝白星低一些；红橙星的温度则比黄星和黄白星低；红星的表面温度更低，只有2000—3000K。20世纪中后期，天文学家还发现了不少以辐射红外线为主的表面温度更低的红外星。

到20世纪初，美国哈佛大学天文台已经对50万颗恒星进行了光谱研究，并按光谱的特征将这些恒星分为七种主要类型：O、B、A、F、G、K、M。在第五章中，我们将对此作更详细的介绍。

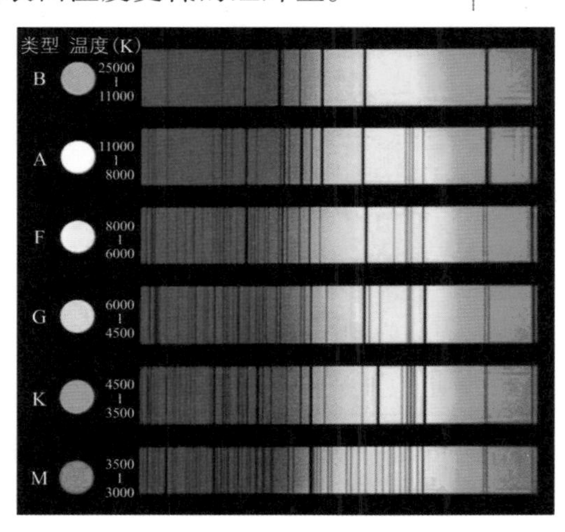


图1-30 恒星光谱型

其中分类为O、B、A光谱型的恒星被称为“早型星”，F和G被称为“中间光谱型星”，K和M则为“晚型星”，但其实这与它们的年龄毫无关系。1911年前后，丹麦天文学家赫茨普龙和美国天文学家罗素分别通过研究发现，恒星光谱型和光度（也就是亮度）存在一定的相关性。于是，以光度作纵坐标、温度作横坐标的“温度—光度图”被画了出来，后来人们将之命名为赫罗图。在现代天文学领域，赫罗图是具有极其重要地位的一张图。

当把已观测到的恒星按照它们自身的光度和温度的参数放在

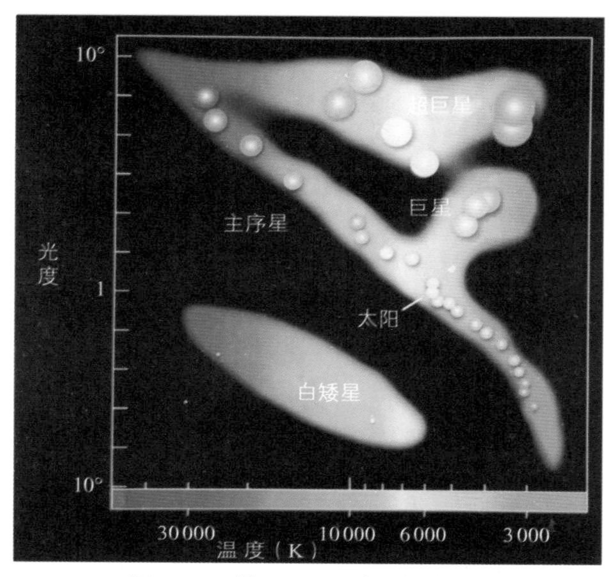


图1-31　赫罗图（温度—光度图）

赫罗图中时，天文学家发现，大部分恒星坐落在从图的左上到右下的对角线上——这意味着它们正处在一生中最稳定、最恒久的时光里。这些恒星被称为主序星，太阳就是一颗主序星，如今正处于它的壮年时期。少数集中在右边中部组成巨星，一些光度特别大的超巨星则分布在图的上方。这些巨星有着极高的亮度，对于超巨星而言，它们所发出的光占据了自身所在星系的绝大部分亮度。而那些温度高、光度弱的白矮星集中在左下方一个较密区域，它们又小又暗，可是密度却远远大于主序星。你很难想象这样一张图中所隐含的信息量究竟有多么大，有了它，天文学家只要能够测量出一颗恒星的温度和光度，就能够推断出它的大小、年龄、化学成分，甚至连它的一生是如何演化的都能够推出来。

就这样，在漫长时光里隐藏在黑暗中的种种宇宙奥秘，如今借着这小小的星光，得以被人类略窥一斑。

目前，世界上的天文强国正在调动“千军万马”向“全波段—深开拓”进军。近到银河系、恒星世界和它们的行星系统，远到星系世界、宇宙结构及宇宙学领域，各国天文学家正在努力地进行着各种观测和研究。国际上天文学研究突飞猛进，中国的天文设备也处于急需改进的境地。LAMOST，正是在这样的背景下，无比艰难而又令人振奋地被研制了出来。

大天区面积多目标光纤光谱天文望远镜（The Large Sky Area Multi-Object Fiber Spectroscopic Telescope，简称LAMOST），一架视场为5度、南北横卧的中星仪式反射施密特望远镜。焦面上置有4000根光纤，将遥远天体的光分别传输到16台光谱仪中，同时获得它们的光谱，是目前世界上光谱获取率最高的望远镜。现安装在中国国家天文台兴隆观测站。

# ① 引光入室

光学天文光谱的物理信息量非常丰富，它的“可测”对象是多达10亿的光学目标，同时，它又是其他波段，如X、红外、射电波段的新发现赖以证认和后续进行研究的主要手段。可以毫不夸张地说，迄今我们所有的天体物理知识，绝大部分都依托于光学天文光谱。

在早期天文学中，获得恒星光谱的方法是把三棱镜放在望远镜的物镜前面（称为物端棱镜），使恒星的光分成各种频率的光，再进入望远镜。这样的方式能够使每一颗星的星光都展现出光谱，这样的低分辨率光谱我们称之为“无缝光谱”。

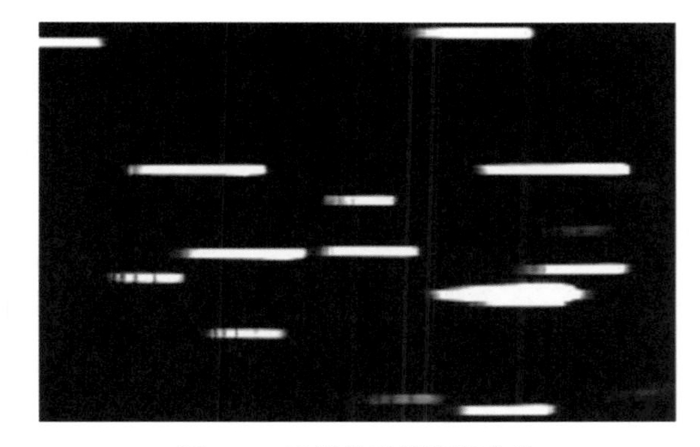

**图2-1** 早期的光谱照相底片

由于大尺寸三棱镜制造困难，以及光能量被玻璃吸收而损失严重，降低了望远镜的使用效率，渐渐地，物端棱镜不再适用，而被放在望远镜焦点后面的棱镜摄谱仪所取代，使已成像的星光经过棱镜分光后再获得光谱。虽然棱镜光谱仪的分光能力超过物端棱镜，但是，它一次只能得到一颗恒星的光谱，而不像物端棱镜那样，可以同时得到视场内所有恒星的光谱。

后来，出现了分光能力更强的光栅摄谱仪。光栅是一种精密的光学元件，是在非常平整光洁的光学玻璃平板上，刻出许多条间隔相等、互相平行的细线。利用光的干涉和衍射的叠加原理，这些细线可以使经过光栅的混合光分解成光谱，这样的高分辨率光谱我们称之为“有缝光谱”。天文学上用的典型光栅是每毫米刻100—1000条线的大面积光栅，分为反射光栅和透射光栅两种，造价都非常昂贵。将光栅光谱仪放在望远镜的焦面上使用，一次只能获得一颗星的光谱。

分光之后，探测器上的光流量减少，这种不利因素很难避免，因此近百年来，天文光谱测量技术的效率一直很低，以至于在21世纪之前，得到有缝光谱测量的天文目标数量不超过10万个。对比其他电磁波段，如X、红外、射电等波段，要求光谱观测配合的目标数量已经达到100万量级，并且这样的要求只会越来越高。因此，天文学家比以往任何时候都更加明显地感到天文光谱测量已成为天文学发展的“瓶颈”。而能对多个目标同时进行光谱测量的光纤技术的实现，可以说将苦恼了一个世纪的天文学家解救了出来。

这段历史要追溯到1870年的某一天，英国物理学家丁达尔到皇家学会的演讲厅讲光的全反射原理，他做了一个简单的实验：在装满水的木桶上钻个孔，然后用灯从桶上边把水照亮。实验结果使观众们大吃一惊。人们看到，发光的水从水桶的小孔里流出来，水流弯曲，光线也跟着弯曲，光居然被弯弯曲曲的水“俘获”了！

人们发现，光能沿着从水桶中喷出的细流传输；人们还发现，光能顺着弯曲的玻璃棒前进。这是为什么呢？难道光线不再沿着直线传播了吗？这些现象引起了丁达尔的注意，他经过研究发现，这是光的全反射的作用：由于水等介质的密度比周围的物质（如空气）大，当光从水中射向空气，入射角大于某一角度时，全部光都会反射回水中，折射光消失，所以看上去光就好像在水流中弯曲前进了。丁达尔发现，若令一束汇聚的光通过溶胶，则从侧面（即与光束垂直的方向）可以看到一个发光的圆锥体，这就是丁达尔效应。

**图2-2** 丁达尔效应

后来，人们造出一种透明度很高、像蜘蛛丝一样细的玻璃丝——玻璃纤维，当光束以合适的角度射入玻璃纤维时，光会沿着弯弯曲曲的玻璃纤维前进。由于这种纤维能够用来传输光束，所以被称为光导纤维，又被称为光纤。

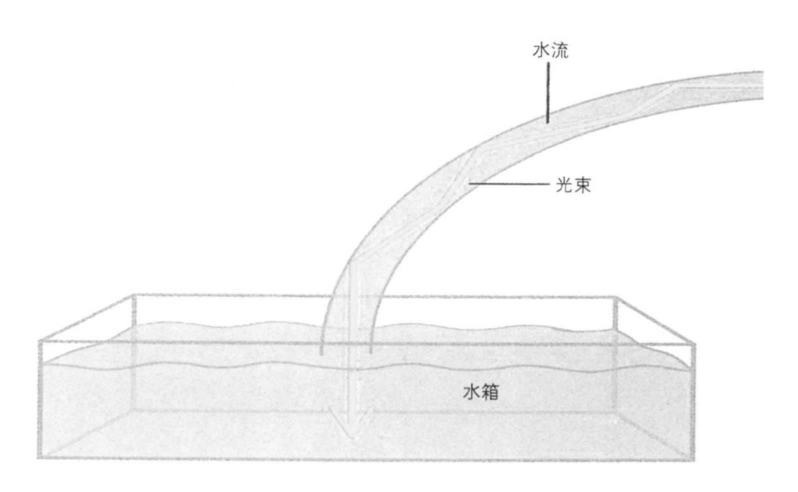


**图2-3** 光纤传输原理

由于以上种种技术和设备的出现，20世纪80年代，天文光谱测量技术迎来了巨变。光纤在天文实测中的应用首战告捷，使得视场上不同位置的待测目标的像可以各自通过光纤引到同一个光谱仪，从而打破了长久以来光谱测量只能一次测一个目标的局限。为此，美、英等国的天文研究机构率先开展了用多根光纤将望远镜视场上多个天体的像引到同一个光谱仪，同时进行观测的实验。到20世纪90年代中期，这项技术开始成型。

1993年，多目标光纤光谱仪技术在美国和英国已经成熟。国际上在大规模天文光谱开拓方面先行一步的是英澳望远镜（AAT）。天文学家用3.9米口径的AAT得到了3平方度的视场（普通的4米级望远镜的视场不足1平方度），并配上了含400根光纤的光谱仪。而斯隆数字巡天（SDSS）项目则利用2.5米口径的望远镜得到了比AAT大一倍的视场——达到了7平方度，并可同时测量由光纤引出的640个天体的光谱。

## ② 星体普查

20世纪天文学最重大的发现之一，是美国天文学家哈勃在仙女座大星云中发现了造父变星。造父变星是变星的一种，它的光变周期（即亮度变化一周的时间）与它的光度成正比，因此可用于测量星际和星系际的距离，并利用周光关系（指造父变星具有的光变周期与绝对星等的关系）证明了仙女座大星云确实不在银河系内，从而结束了长达一个半世纪的关于宇宙岛观念的争论。宇宙岛，也就是我们今天所说的星系，得到了人们的普遍认可。人类对于宇宙的研究从此跨越了银河系的边界，进入了更广阔的空间。此后，随着观测技术的飞速发展，人们逐渐认识到构成宇宙的基本单位并不是单个的恒星，而是由大量恒星、星团、气体和尘埃等构成的庞大的天体系统——星系。

银河系内就有上千亿个天体，而与银河系相似的星系数量，在天文学家的估算中也达到了千亿量级。面对浩瀚宇宙中不可胜数的天体，若想要绘出一幅三维空间宇宙地图，首先需要对夜空进行一次全面的巡天。巡天观测之所以重要，是因为人们对星空的了解必须基于一颗又一颗星星真实的信息；而巡天观测之所以艰难，是因为面对夜空中无法计数的星星，技术上的限制成了又快又多获取其信息的瓶颈。

根据接在望远镜终端的仪器的不同种类，巡天分为多色成像巡天和光谱巡天。多色成像巡天，就是在望远镜的焦面上放置各种滤光片和探测器来进行观测，由此可以同时得到多个天体的位置和不同波段上的亮度——相当于在不同波段上给它们拍摄“照片”。而光谱巡天则是在望远镜焦面上放置光谱仪，将天体的光分解成光谱数据。光谱中包含着天体丰富的信息，天文学家不仅能够根据光谱信息确定天体的化学组成，还可以确定天体的温度、压力、密度、磁场、运动速度等物理参量。因此，得到大量天体的光谱就成了绘制宇宙地图、研究整个宇宙结构的关键。但是，迄今由成像巡天记录下来的数以百亿计的各类天体中，只有很少的一部分（约万分之一）进行过光谱观测。

宇宙深处有无生命，银河系的深处有怎样的黑洞，对人类所在的太阳系有何影响，暗物质、暗能量到底是怎么回事，它们在宇宙中如何分布，宇宙到底是否起源于一次大爆炸，它的结构究竟如何……所有这一切，都需要依靠分析大量天体的光谱信息才能解答。21世纪，天文学开始进入“多波段、大样本、高信息量”的时代，大规模的光谱巡天成为天文观测的突破口，其目的是获取数以十万、百万甚至千万计的天体的光谱。

随着光纤技术的发展打破“一次只能观测一个目标”的瓶颈，十多年来，国际上出现了一系列的天体光谱巡天项目，有2dF、6dF、GCS、SDSS/SEGUE、RAVE、APOGEE、HERMES等。

2度视场星系红移巡天计划（2dF），是英国和澳大利亚合作开展的大型巡天项目。到2007年1月，它是仅次于SDSS项目的规模第二大的巡天观测项目。目前，参与该计划的天文学家已使用新南威尔士州英澳天文台3.9米口径的AAT获取了245591个天体（绝大部分是星系）的光谱，并由此测量出星系的红移分布，一定程度上绘制出了宇宙的三维图景。

2度视场星系红移巡天计划的名称来源于所使用的仪器：观测设备每次测量的面积大约是2平方度，针对南天和北天的银极区域，总共测量了1500平方度。观测区域在赤经（天文学中的一种坐标，以地心为中心，以地轴延长线的端点为天极，与赤道平面平行的一组平面为赤纬，与之垂直的则是赤经）上涵盖了75度宽的两个扇状区，在纬度上的涵盖范围是北银极7.5度、南银极15度。南银极还测量了数百个独立的2平方度区域（参见图2-4）。

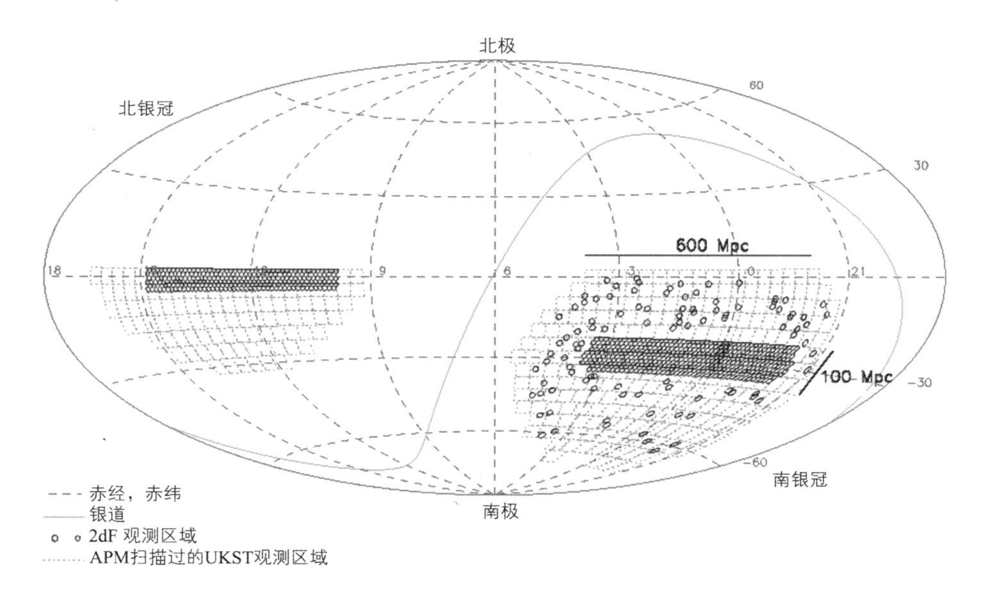


黑色的小圈代表勘测的区域，红色的栅格是早先APM星系巡天调查的区域。

**图2-4** 2dF巡天区域

2dF系统包括大视场改正器、直径半米左右的光纤板、2台摄谱仪，以及修正大气散射的设施。光纤板可以说是整个系统的关键，其上连接有400根光纤，每根光纤定位精度达20微米，覆盖的天空范围是0.3角分；每台摄谱仪都可接收来自200根光纤的信息，可以随时获得2度视场内400个星系的光谱。

借助2dF，我们得以一窥可观测宇宙的独特面貌。科学家把2dF观测结果中数亿个星系的位置绘制成3D空间测量图，在其中发现了邻近宇宙里令人印象深刻的宇宙结构。

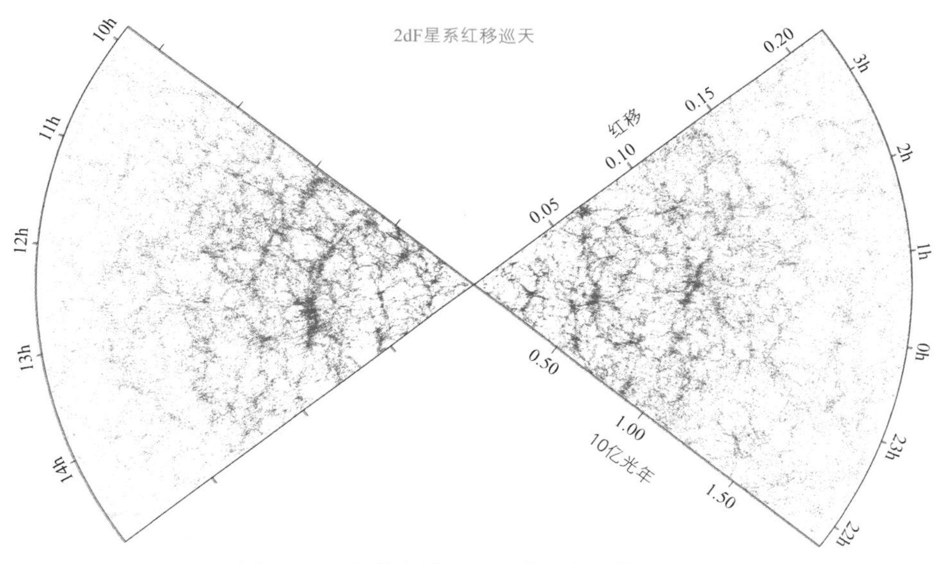


**图2-5** 2dF数据结果显示的宇宙三维图

## 知识链接

• **SDSS** SDSS是斯隆数字巡天（Sloan Digital Sky Survey）项目的简称，是美国、日本和德国等国的大学与研究所的合作项目。SDSS使用了一架口径为2.5米的光学望远镜，这样的望远镜在世界上算是中小型的，但

> 它配备的仪器则是世界领先的。一是用于成像巡天的大型拼接CCD相机。在相机中有30个CCD组成了成像部分，测光系统配以分别位于u、g、r、i、z波段的5个滤镜对天体进行拍摄，观测时可以同时得到5个波段上的天空图像；还有20个CCD用于天体的精确位置测量。二是两台光纤光谱仪，可以同时测量640个天体的光谱。

成像巡天和光谱巡天得到的观测资料，天文学家可以用来研究宇宙的大尺度结构、星系的形成与演化等天体物理学的重大前沿课题。从三维测绘所得的分布图中可以看到，星系都集中于“细带”与“薄层”中，这样的细带与薄层充斥于几乎全空的庞大空穴中。在几千万光年到几亿光年的最大尺度上，宇宙呈现海绵状多泡结构，全都是气泡与泡壁。

SDSS在2015年1月发布了DR12数据集，其中包括近5亿恒星和星系的相关测量结果，以及426万恒星和星系光谱。目前，世界上已有近十架口径为8—10米的光学望远镜，其中，SDSS使用的望远镜属于中小型，但由于它选择了大视场巡天，并使之达到了前所未有的深度、广度和精度，因此，SDSS获得了大量的光谱数据，极大地加深了人类对宇宙的认识。近些年来，SDSS一直是各种学术论文引用最多的天文设备，甚至超过了耗资巨大的空间大型天文设备。

SDSS大大超越了以往光谱观测数量的高度，但是，这毕竟只是天文学迈入“大规模光谱”开拓的第一步，SDSS的性能尚不足以彻底打破天文实测的瓶颈。受有限观测时间和光纤数目（640根）的制约，SDSS仅获得了400个观测面板近24万颗恒星的光谱数据，且这些恒星散布在广阔的空间里，类型多达十多种，遴选

图2-6　SDSS项目使用的2.5米光学望远镜，位于美国APO天文台

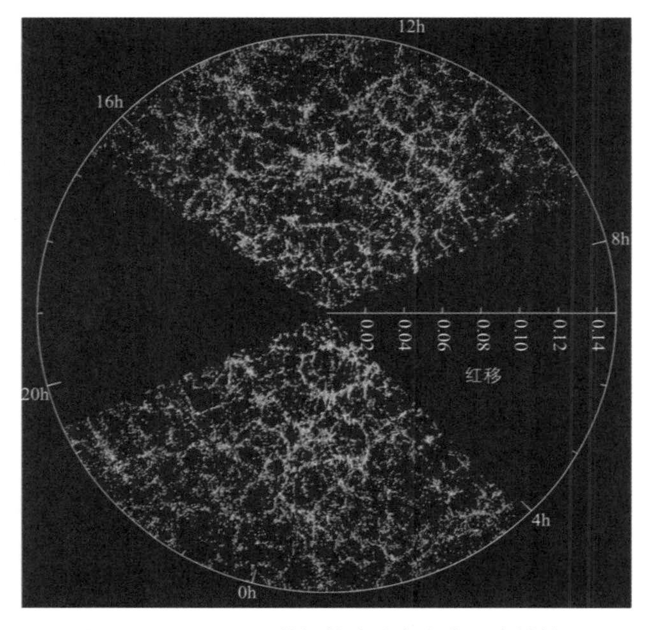


图2-7　SDSS巡天数据构建的宇宙大尺度结构图

判据复杂，带有很强的选择效应，难以开展有意义的统计分析工作。

一直以来，都没有一个针对银河系，尤其是针对其标志性结构银盘的天区覆盖连续、统计上完备的大规模光谱巡天。中国的天文学家敏锐地注意到了这个巨大需求，提出了大口径与大视场结合的大规模光谱巡天方案。

## ③ 鱼和熊掌可兼得

所谓望远镜的视场，也称视野、视界，指在一定距离内所能清楚观测到的范围的大小；口径是指望远镜通光的直径大小，口径越大，接收的光线就越多，获得的信噪比也越高。在一般望远镜的设计中，视场都是很小的。

海尔望远镜曾是“独领风骚”的大设备。从设计概念上来说，它属于传统的反射望远镜。它的功能特点是主轴方向上有着理想的“像质”（成像质量），但只有很小的视场，所以主要适用于主轴方向的目标的观测，实际运用时基本上是“一个设备一次观测一个目标”。这对于有着海量待测目标的天文学研究来说，一直是一种局限。这个局限之所以能够长期被接受，是因为那些最重要的探测设施——如测量天体光谱的有缝光谱仪以及光电光度计、光干涉系统等——也都是一个仪器一次观测一个目标。

SDSS的口径为2.5米，那么，继SDSS之后进行大规模天体光谱测量，口径应该超过SDSS，科学家计划采用4米以上的口径。

然而，4米口径的望远镜，像AAT那样把视场做到3平方度已经很不容易。虽然口径1.2米左右的施密特望远镜视场能够达到20—30平方度，但它未能被用在较大的望远镜上。这主要是因为这种系统要做到大口径，就只能采用反射望远镜的形式，而这种形式的反射施密特望远镜需要用很长的焦距，镜身就要跟着做得很长，导致难以操作。

举例来说，设想望远镜的通光口径为4米，要使视场大于20平方度，就要求相应的焦比大于5，也就是焦距应当大于20米——这种望远镜的镜身长度应为焦距的一倍，即40米！把这庞然大物安装到普通望远镜支撑装置上进行天文观测，显然是很困难的。通用的望远镜装置很像一架探照灯，镜筒安装在带水平轴的支架上，支架又安装在可沿垂直轴旋转的座架上。靠两个转轴，镜筒可以随时对准天空中的任何方向，并进行跟踪观测。这一直是天文观测最基本的要求。多年来各国光学家都在这种通用的望远镜装置的框架下，探求新的光学设计来解决扩大望远镜视场的问题，但都未能获得实质性的突破。事实上，像AAT和SDSS这样雄心勃勃的项目，均放弃了施密特型设计，牺牲视场，以使镜身长短适度。这对于希望观测和研究的科学目标来说，可以说是很严重的牺牲。

施密特望远镜的特点是视场非常大，但“不能把口径做大”成了施密特望远镜根本性的局限，这使得它只能成为“大设备”的辅助，而未能以其大视场的巨大优势跻身于“大设备”的行列。

施密特望远镜不易造大的最主要原因有两个：一是镜筒长度等于球面主镜的曲率半径，如果焦比相同，口径越大，镜筒就越长，因此机械设计和制造就变得非常困难。二是决定通光口径的施密特改正板一般为透射式，在现有的技术条件下，要熔炼出直径大于1.3米的透射光学材料十分困难，甚至几乎是不可能的。

那么，能不能用一块改正反射镜来代替改正透镜呢？研制反射式施密特望远镜，正是20世纪90年代以来国际天文界所共同关心的问题。只有将其研制成功，才能将整个望远镜的口径和视场同时做得很大。

于是，人们又想办法把透镜放在反射望远镜的焦点前面来改正像差，从而使更大口径的望远镜具有大视场。正是利用这种技术，3.9米的AAT实现了3平方度的视场，而SDSS所使用的2.5米口径的望远镜实现了7平方度的视场。

人的奇思妙想是无止境的。我国的苏定强院士和王绶琯院士在20世纪90年代初，提出了前所未有的“反射施密特望远镜”的概念（参见图2-8）：利用当时新兴的主动光学技术，将施密特望远镜的改正透镜更换为反射镜，通过制成适当形状的非球面反射面，改正固有的球面像差。这个划时代的创举，使4米口径的望远镜实现了大到20平方度的视场——这是其他4米口径级别望远镜望尘莫及的。

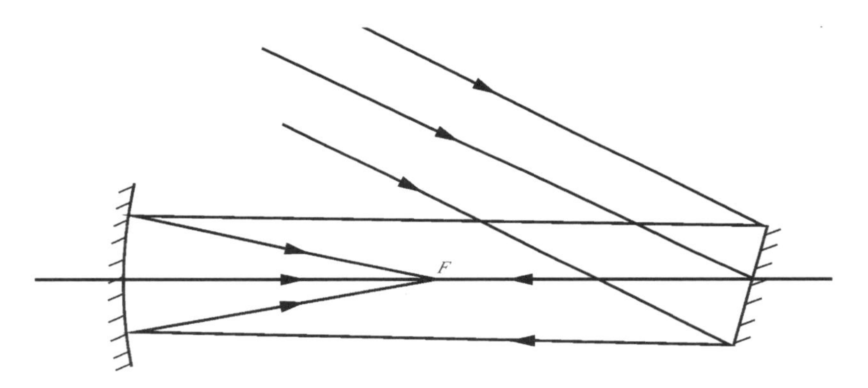


图2-8　反射施密特望远镜的光路

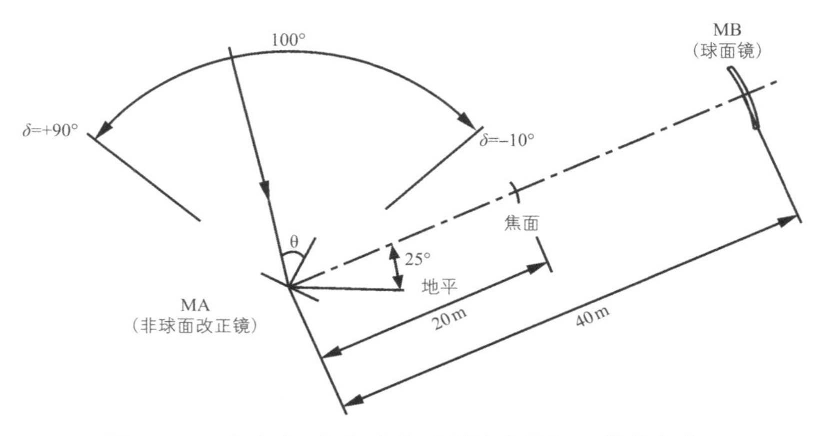


图2-9　一种卧式子午仪式的反射施密特望远镜的光路

再结合一次性可观测4000个天体目标的光纤自动定位系统，一个颇具前瞻性和集众多高、精、尖、新技术于一身的“大视场光谱巡天望远镜项目”被提上了日程，这就是LAMOST，一架南北横卧的中星仪式反射施密特望远镜诞生的故事。

## ④ 横空出世

说起LAMOST，不得不说到王绶琯先生。30多年前的一个晚上，王绶琯和天文同仁们夜航舟山，苏定强院士、陈建生院士找到他，讨论下一步中国的天文设备。

当时，国内的2.16米望远镜即将竣工，我国的天文设备正面临一个极其困难又非常关键的时刻。在这之前，国际天文学突飞猛进时，我国的天文学事业却由于“文化大革命”受到极大影响。

那时国际上的重大天文项目均属“扩展型”，即依靠巨大投资，结合高技术，使其规模大幅度地超越原有的同类设备。就功能而论，均体现了新一轮的“更新换代”：新一代空间X射线及γ射线天文设备，耗资10多亿美元；新一代空间红外天文设备，耗资10多亿美元；一系列新射电天文设备，耗资共约10亿美元，它们在各个波段的聚光和分辨能力均实现了大幅度超越，而期望发现的目标也从10万量级提高到了100万量级；11台口径8米级新技术光学望远镜，耗资共约10亿美元；哈勃空间望远镜，耗资约20亿美元，它将对大批精选目标进行高分辨率“精测”。

以上这些设施标志着天文学实测揭开了“全波段、大样本、巨信息量”时代的序幕，使天文学研究进入“广大与精微”阶段。我们难以跟外国拼经济投入，搞昂贵装备，但又不愿意、也不能跟在别人后面。如果能认准目标、探明方向，找到一个突破点，然后把有限但能够良好配合的力量集中起来，也有可能捷足先登，走到别人的前面，率先开辟一块属于我们的“首猎”区。

舟山会议之后，王绶琯、苏定强等人经过几轮讨论，注意力都集中到了天文光谱观测问题上，并迅速聚焦在多年来天文学研究中经过诸多尝试仍未能解决的难题——建造一种大口径兼备大视场的天文望远镜。

王绶琯和苏定强对各种方案进行比对，三易蓝图，最终的LAMOST方案被确定为“卧式子午仪”主动反射施密特望远镜，焦距20米，焦比为5，视场为20平方度，可以很容易地在焦面上安放4000甚至上万根光纤。其中，苏定强创造性地提出采用主动光学实现镜面曲面形状的实时变化，从而获得大视场兼备大口径的光学系统。王绶琯称此为LAMOST的画龙点睛之笔。

**图2-10** （从左至右）王绶绾、苏定强

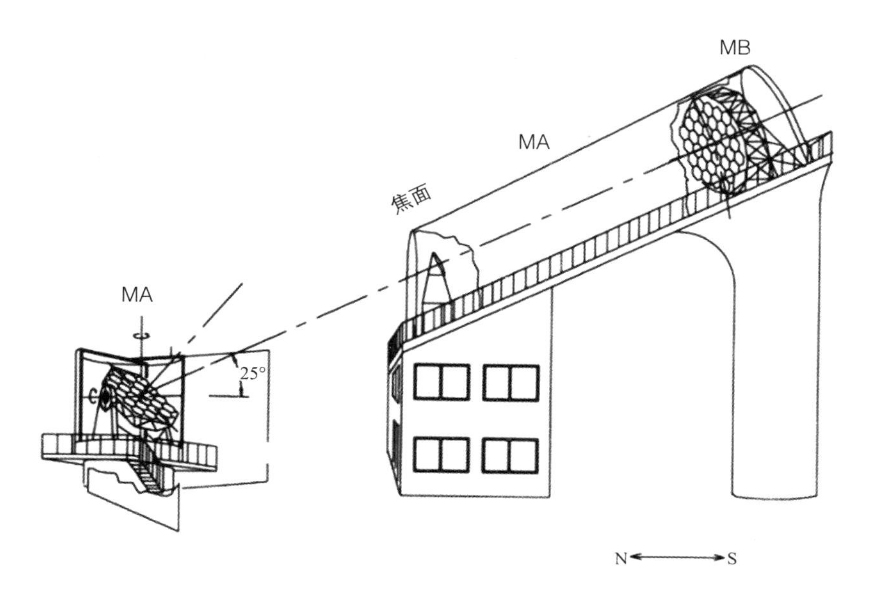


**图2-11** 最终确定的LAMOST结构图

在中国科学院数理学部和中国天文学会联合举办的全国性讨论会上，科学家们针对当时中国下一个主力天文项目的遴选进行了交叉讨论和评议。在这次会上，LAMOST最终被确定为四个待荐项目之一。LAMOST大视场兼备大口径的主动反射施密特望远镜方案，在充分调动我国天文界力量和智慧的基础上横空出世。1993年4月，以王绶琯、苏定强为首的研究团队正式提出LAMOST项目，建议作为中国天文重大观测设备。

几经周折，LAMOST的方案终于出来了。那么，如何实现？怎么落实？这成了将LAMOST方案付诸实施并迈出下一步的迫切问题。

1993年，王绶琯和苏定强在提出LAMOST方案时，崔向群正在欧洲南方天文台参加20世纪末世界上最大的天文光学望远镜计划——4台口径8米望远镜合成口径16米望远镜的研制工作。经王绶琯、苏定强邀请，崔向群加入LAMOST项目。

1994年7月，LAMOST团队派崔向群与褚耀泉参加了国际天文联合会在英国剑桥举办的“Wild Field Spectroscopy and the Distant Universe”会议，并在此次天文学国际会议上对LAMOST的科学思想和方案作了系统的描述，这一领域的国际一流专家们都以“exciting”（意为激动人心）来表达对LAMOST方案的看法。这次会议是LAMOST在国际上产生反响的开始。LAMOST前瞻性的科学思想和创新性的建设方案得到了国际天文学界的赞许，这让建设者们更加认识到了LAMOST的科学价值，也让他们有了必须研制成功的信心和决心。可以说，正是在这次国际天文会议上，我国天文学家首次将LAMOST方案推向国际天文界，并引起了强烈反响。

此次会议后，LAMOST团队虽进一步坚定了信念，但依然面临许多困难。由于LAMOST在很多领域都属于创新，项目面临众多挑战。譬如计划采用整块大口径镜面，而整个项目经费只有2亿多元人民币，只够做两块镜面。同时，LAMOST计划使用4000根光纤，是当时光纤数量最多的SDSS的数倍，如果按老办法一根根地去定位，就无法完成定位，也难以实现每晚连续观测的初衷。面对

**图2-12** 提出LAMOST总体方案的中国科学家（从左至右：褚耀泉、苏定强、王绶琯、崔向群、王亚男）

**图2-13** 兴隆观测站

经费与技术上的双重挑战，按照王绶琯提出的核心思想——“斗智不斗财”，大家开始了披荆斩棘、大刀阔斧的创新之路，而且一走就是十几年。

通过我国科学家坚持不懈的努力和一次次严格的论证，到1996年，王绶琯、苏定强、褚耀泉、崔向群和王亚男五位科学家共同发表了《一类大规模光谱巡天的大型施密特望远镜的特殊装置》一文，对LAMOST的总体方案进行了系统的描述，这篇文章也为LAMOST的具体设计和研制奠定了重要的基础。

之后又经多次探讨和分析，最终LAMOST台址定在燕山深处的河北兴隆（国家天文台兴隆观测站）。兴隆观测站的视宁度（地球大气对光学成像，包括成像质量、星像抖动、视亮度变化等的影响程度。星像越清晰越稳定，视宁度越好；反之，如大气抖动厉害，星像模糊，则视宁度差）和其他基本条件都可以满足LAMOST运行的要求。LAMOST在国际上率先开展了数千个目标同时观测的大规模光谱巡天，为世界天文学的发展做了有益的探索。

中国天文学家王绶琯、苏定强合作提出的固定镜筒加主动反射镜面的光学系统，实现了大规模光谱巡天需要的大视场兼备大口径望远镜的要求，突破了施密特望远镜的口径不能做大的瓶颈。因此，我们称LAMOST这类新型的反射施密特望远镜为王—苏反射施密特望远镜。

LAMOST是如何通过创新研究和合理设计使其具备多项国际首创技术，拥有“光谱之王”美誉的？本章将带领读者一起来揭秘LAMOST的整体结构和内部构造，体会LAMOST的精心独特之处及其技术精髓所在，了解LAMOST内在的结构原理和设计历程。

繁星笼罩下的LAMOST全景图。

## ① LAMOST大揭秘

LAMOST是我国科学家自主创新设计和研制的反射施密特望远镜，它的规模与目前国际上最大的8—10米级望远镜相当，在主动光学、光纤定位等方面均达到了国际领先水平。LAMOST的研制成功使我国的大望远镜研制技术走到了国际前沿。目前，LAMOST是世界上口径最大的大视场光学望远镜，也是世界上光谱获取率最高的光谱巡天望远镜，是进行大视场、大样本天文研究的有力工具。

你能想象一下，LAMOST是什么样子的吗？普通天文爱好者可能期待的望远镜是可以用肉眼对准它的镜筒直接看到令人震撼的图像，或者类似于常见的天文圆顶模样。

然而，由于LAMOST的独创型结构，它的建筑不同于一般的天文望远镜。图3-1所示的是我们站在远处所看到的LAMOST外貌。简单来讲，它是由三幢楼组成的，在图中从左向右（实际为

图3-1　LAMOST望远镜观测室和圆顶室外观图

从北往南）依次是反射施密特改正镜MA楼（左）、焦面仪器楼（中）和球面主镜MB楼（右）。主镜MB固定在地基上，改正镜MA放置在主镜北端，长通道类似镜筒，望远镜的焦平面位于长通道内。观测天体时，只需调整改正镜MA的角度，就能将中天（天文学上指星体由西向东运行，通过子午圈时，称为中天）前后2小时内的天体尽收眼底。

LAMOST望远镜最突出的特点是大口径（不同天区的平均通光口径为4.3米）兼大视场（5度），以及4000根光纤组成的超大规模光谱观测系统。与国际上同类型的巡天项目，比如SDSS和2dF相比，LAMOST无论在口径还是观测效率上都有极大的提升。

当我们走进LAMOST的内部，又会看到什么呢？图3-2所示就是LAMOST的内部结构图，它与图3-1的外观图是相对应的。

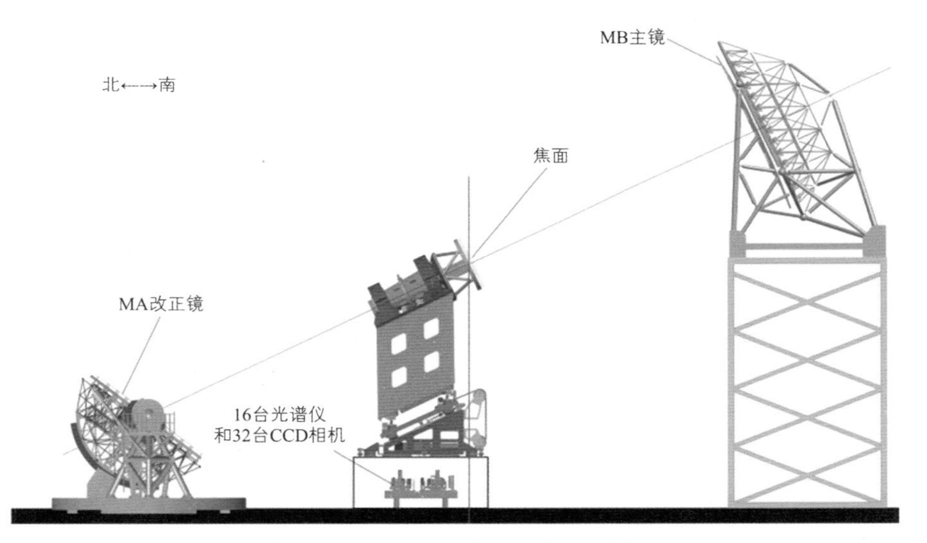


**图3-2** LAMOST内部结构示意图

位于左侧的是非球面改正镜MA，它由24块子镜拼接而成；位于中间的是直径为1.75米的大焦面，上面放置了4000根光纤，光纤将天体的光传输到焦面下面的光谱仪房内的16台光谱仪的狭缝上，然后通过光谱仪后端的32台高灵敏的CCD探测器同时记录下4000条天体光谱；位于右侧的是球面主镜MB，它由37块子镜拼接而成。

观测时，来自无穷远的天体的光线经过非球面改正镜MA（左）反射到球面主镜MB（右），再经过主镜MB反射后汇聚到焦面（中）。天文学家在直径为1.75米的大焦面上放置了4000根光纤，由光纤将天体的光传输到焦面下面的两层光谱仪房内的16台光谱仪的狭缝上，然后通过光谱仪后端的高灵敏的CCD探测器同时记录下4000条天体的光谱。为了尽可能避免温差导致的气流扰动影响望远镜的成像质量，长通道上开有百叶窗，配备有通风和制冷系统，以保证“镜筒”内外温度尽可能均衡；为了能观测到尽可能大的天区，南端主镜楼略高，长通道与地平面成25度角。

了解LAMOST的外观形状和内部构造之后，我们再来看看它的“体重”和“身高”吧！它的主镜（MB）口径是6.67米×6.05米，反射改正镜（MA）的口径是5.72米×4.4米，等效通光口径（直径）在3.6米至4.9米之间，视场角直径（等效的圆形的直径）是5度，焦面的线直径为1.75米。LAMOST的焦距长达20米，焦面上安装的光纤总数达4000根。它所拍摄到的天体的“指纹”——光谱，覆盖的波长范围是370—900纳米，设计光谱分辨率为0.25—1纳米。

前面我们了解了LAMOST的“体貌特征”，接下来再来看看它是由哪些“器官”构成的。就像人体由头、躯干和四肢等不同部位构成，LAMOST也是由不同的子系统构成的有机整体。LAMOST大致包括8个子系统：光学系统、主动光学和镜面支撑系统、机架和跟踪装置、望远镜控制系统、焦面仪器系统、圆顶系统、观测控制和数据处理系统、输入星表和巡天战略系统。

LAMOST的光学系统是由主动光学控制的非球面的反射施密特改正镜MA、球面主镜MB和焦面三部分组成的反射施密特系统。这三个部分各自安装在自己的机架上。球面主镜是固定不动的，其光轴在子午面内。改正镜安装在地平式跟踪机架上，其镜面中心位于球面主镜的球心。改正镜不仅要通过主动光学校正主镜的球差，而且在观测过程中，通过方位轴和高度轴旋转，对天体进行跟踪，并把来自天体的光反射到主镜MB上，这就克服了大口径反射施密特望远镜镜筒太长的困难，突破了常规施密特望远镜大视场和大口径不能兼得的瓶颈。来自天体的光经MA反射到MB，再经MB反射后成像在焦面上。望远镜光轴与地平成25度角，南高北低。图3-3为LAMOST的光路图。

为了减少镜面支撑系统发热对镜面面形和镜面气流的影响，LAMOST的反射施密特改正镜MA和球面主镜MB均采用了空间桁

**图3-3** LAMOST光路图

观测时，来自无穷远的天体的光线经过非球面改正镜MA（左）反射到球面主镜MB（右），再经过主镜MB反射后成像到焦面（中）。光纤将天体的光传输到光谱仪的狭缝上，然后通过光谱仪后端的高灵敏的CCD探测器同时记录下4000条天体的光谱。

架作为镜面支撑结构。在半球形的支撑桁架上，每块MA子镜有34个主动力促动器和3个主动位移促动器，加上主动光学的计算机控制系统、波前测量和分析系统，就可同时实现薄镜面和拼接镜面主动光学控制，即同时实时保证每块子镜对应不同的位置和天区时所要求的不同非球面面形，使每一块子镜在观测过程中任何时候都能得到一个理想的像点，还能实时将24块子镜的像点聚集在一起，像一块大镜子那样工作。

MB由37块子镜拼接而成。每块MB子镜采用了类似于跷跷板的摇杆支撑机构，通过定位机构连接在空间桁架上。MB采用拼接镜面的主动光学技术，即实时保证37块子镜的像都聚集在一点。这就是主动光学和镜面支撑系统。

LAMOST是一架中星仪式的主动反射施密特望远镜，由于它的球面主镜MB是固定的，对天体的指向跟踪运动完全由主动反射施密特改正镜MA承担。MA采用地平式机架，其指向和跟踪由方位和高度两个方向旋转实现。观测主要在子午面附近进行，整个跟踪运动过程较缓慢且运动速度变化较少。LAMOST采用液压轴承系统，以及带有角度传感器的摩擦驱动系统。

为了补偿因采用地平式机架跟踪引起的像场旋转，在观测过程中焦面也要做旋转跟踪运动。另外还包括常用的调焦运动机构和焦面板的姿态控制机构等。这就是它的机架和焦面跟踪系统。

LAMOST的望远镜控制系统具有当代国际大型天文望远镜控制系统的一系列特点：实时、可靠、网络化、多层次、分布式和易于扩展。它由以下三个子系统组成：①指向跟踪控制子系统，包括MA的高度和方位驱动、焦面板的像场旋转以及依据导星进行校正等；②主动光学控制子系统，控制数以千计的力促动器和位移促动器；③实时环境监测和故障诊断子系统，包括圆顶控制、观测室温度监控、风屏和通风窗控制、雨露监控、远程监控等。

望远镜收集来自天体的暗弱光并成像在焦面上，焦面上的4000根光纤将天体的光分别传输到光谱仪的狭缝上，通过光谱仪分光后由CCD探测器接收，同时获得4000条天体的光谱。焦面仪器是LAMOST直接获取天体光谱信息的接受解析系统，包括4000个光纤定位装置、4000根光纤、16台光谱仪和32台CCD探测器等主要部分。

LAMOST的镜筒光路有60米长，比世界上大多数望远镜的光路都长，反射施密特改正镜MA观测时必须完全开放，因此必须解决圆顶中的温度、光路视宁度（一种描述大气湍流影响的物理量，描述大气湍流对光学性能的影响）和MA风载的控制问题。LAMOST采用了特别的制冷通风装置，并配有温度传感器的监测，可以较好地解决温度一致性和视宁度的问题。使用固定风屏和6块可分别升降的活动风屏，也能够显著降低MA在观测中的风载问题的影响。

此外，LAMOST每个可观测夜可观测多达上万个天体的光谱，而整个巡天计划是要获取几百万甚至上千万条光谱。为了有效地获得观测和使用数据，LAMOST配有一套完整的自动化观测、数据处理和存储的软件系统，其中主要包括巡天战略系统（SSS），观测控制系统（OCS），数据处理、分析和存储系统。

除了上面介绍的这些，LAMOST还有哪些领先和与众不同之处呢?

LAMOST的首创技术包括：主动光学技术和4000根光纤并行可控的定位技术。它拥有的国际先进技术包括：24块高精度超薄六角形光学镜面的磨制和检测曲率半径一致性要求近三万分之一的37块球面镜子镜的磨制，大口径超薄镜面和倒挂式大口径镜面的精确支撑技术，8米地平式机架及其精确跟踪控制（包括像场旋转补偿），多目标光纤光谱仪及CCD相机、60米光路气流扰动的改善，海量数据处理。

## ② 美丽的六边形

扫码看视频

前面提到，望远镜的集光能力随着口径的增大而增强，望远镜的集光能力越强，就能观测到越远越暗的天体。但是，随着望远镜口径的增大，一系列的技术问题接踵而来，比如望远镜的自重引起的镜子变形相当可观，再比如温度的不均匀会使镜面产生畸变，也会影响到成像的质量。

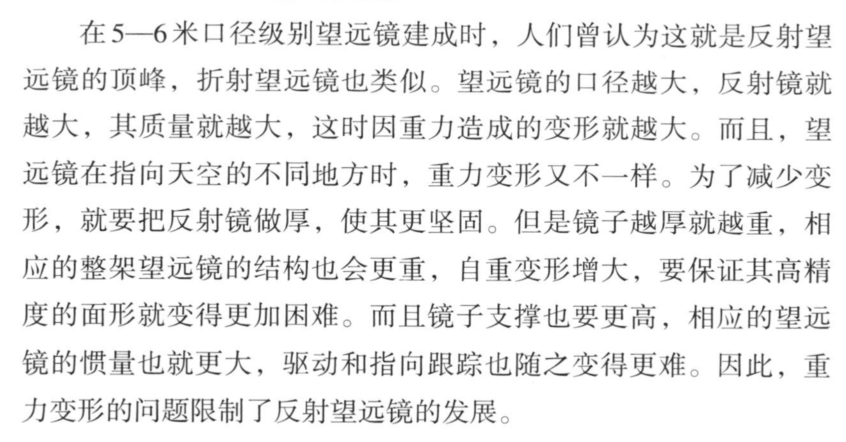

在5—6米口径级别望远镜建成时，人们曾认为这就是反射望远镜的顶峰，折射望远镜也类似。望远镜的口径越大，反射镜就越大，其质量就越大，这时因重力造成的变形就越大。而且，望远镜在指向天空的不同地方时，重力变形又不一样。为了减少变形，就要把反射镜做厚，使其更坚固。但是镜子越厚就越重，相应的整架望远镜的结构也会更重，自重变形增大，要保证其高精度的面形就变得更加困难。而且镜子支撑也要更高，相应的望远镜的惯量也就更大，驱动和指向跟踪也随之变得更难。因此，重力变形的问题限制了反射望远镜的发展。

20世纪80年代，计算机技术和自动控制技术在天文学中得到了广泛的应用。人们发展了主动光学技术，以此来解决镜片的重力变形和热变形问题，进而可以把镜片变薄，以减轻镜子的重量。人们还建造了一批3—4米口径的新技术望远镜，来证明这种技术是可行的。

就这样，薄镜面加上主动光学技术的运用使望远镜的口径突破了5—6米的限制，20世纪90年代以后，天文学家成功建造了一批口径8—10米的大型望远镜。到了21世纪，天文学家又开始计划建造30—100米口径的地面光学望远镜。

除了将镜片变薄，还有一个问题：以往单面镜子的最大尺寸是8米左右，这是受镜坯制造、运输、镀膜和光学加工的可行性所限制的。这是否就彻底限制住了望远镜的口径呢？答案是否定的。天文学家想到了拼镜子的方法，也就是将一批小镜子拼成一个大镜子，以此来获得大口径的望远镜。拼接镜面的方式不但减少了镜面的加工制造难度，而且使望远镜的造价大大降低，因而成为未来巨型光学望远镜的发展方向。

要进行拼接，采用什么样子的镜子更合适呢？现在的大型光学望远镜大多是由众多正六边形小镜子拼接而成的，LAMOST也不例外。那么，为什么是正六边形，而不是正方形或正三角形等其他的形状呢？以下是詹姆士·韦伯空间望远镜（JWST）工作人员的解释：

第一，正六边形在拼接曲面时产生的缝隙最小。

第二，正六边形对称性好。对于中间空心、外面拼两层形成一个大曲面的情况，正六边形需要三种不同的子镜，四边形则需要五种不同的子镜，三角形不太好定义怎么算，但子镜种类肯定需要更多。子镜种类越多，意味着制造时需要的模具越多，造价也更昂贵。

第三，正六边形拼成的大正六边形最接近圆形，有最好的聚焦效果。

**知识链接**

• 中国预研设计的30米极大口径望远镜CFGT采用扇形子镜拼接，子镜种类比六角形还少，且边缘为圆形。

最早建造的薄镜面是欧洲南方天文台新技术望远镜（NTT）的3.5米主镜。最早建造的拼镜面望远镜是凯克Ⅰ（Keck Ⅰ）望远镜，于1990年安装于美国夏威夷的莫纳基亚山上。它的镜面由36块六角镜面拼接组成，每块镜面口径为1.8米，而厚度仅为7.5厘米。

它通过主动光学支撑系统，使镜面保持极高的精度。它有效的聚光能力相当于一个10米的单镜片望远镜。而1996年安装于美国得克萨斯州佛克斯山的赫特望远镜（HET），其镜面由91块跨径为1米的六角形球面子镜组成，等效于9.2米的球面镜。

正如前文所说，薄镜面和拼接镜面是LAMOST的特色。为了避免镜面在重力作用下“身材走形”，影响成像效果，也为降低造价，LAMOST的主镜和改正镜均采用厚度薄、面积小的小镜面拼接成大镜面，两个大镜面均为拼接镜面。国际上现有的其他拼接镜面望远镜，都是只有一个镜面是拼接的，如此复杂的多拼接镜面的光学系统在LAMOST之前还从未有过。图3-4展示了LAMOST的两块拼接镜面的示意图，图3-5展示的是实拍的LAMOST两块镜面。

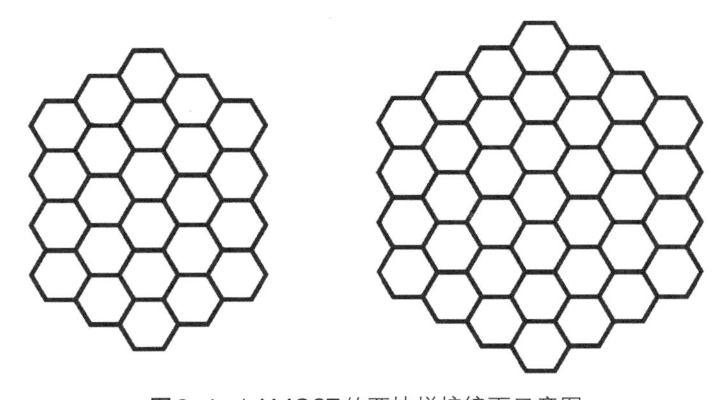

**图3-4** LAMOST的两块拼接镜面示意图

左图为非球面改正镜MA，它是由24块对角直径1.1米、厚25毫米的六角形子镜拼接而成的镜面，MA总长5.72米、宽4.4米；右图为球面主镜MB，它是由37块对角径1.1米、厚75毫米的六角形子镜拼接而成的，MB总长6.67米、宽6.05米。

**图3-5** LAMOST的非球面改正镜MA（左）和球面主镜MB（右）

两块大镜面都是由若干薄镜面拼接而成的。通过图中的人像对比，可以看出两块镜面的庞大。

改正镜MA的对角线尺寸为1100毫米，而厚度只有25毫米，径厚比达到44：1，远大于常见的7：1—10：1范围。从设计角度来说，镜子厚度薄是为了能够用主动光学的方法来实时改变镜面的形状。但从另一方面来说，镜体刚度与径厚比成反比，径厚比大，即口径大厚度小，则刚度差。刚度越差，镜子表面变形越大。而主镜MB是一面曲率半径为40米的球面反射镜，由37块子镜拼接而成，子镜的外形尺寸和光学镜面面形加工的要求相同，每一块子镜除了要达到很好的面形（小于人类头发丝约六千分之一）的要求，还需要达到曲率半径一致性好于三万分之一的要求。

## ③ 让星光完美汇聚

综合考虑观测需求和实际工艺后，科学家和工程师们想到，既然镜片会产生重力变形，而这变形量是可以事先知道或者实时测量的，那么就可以在反射镜后面加上自动控制的机构来抵消重力的影响，也可以校正反射镜热变形、磨制误差以及光学系统的准直误差，这种技术被称为“主动光学”。主动光学技术的诞生，使天文望远镜的口径突破了5—6米的限制，20世纪末，人类成功建造出8—10米口径的望远镜，也使进一步建造更大口径的望远镜成为可能。

在天文望远镜中，主动光学主要是用于校正由于镜面和支撑结构的重力变形和热变形引起的镜面变形，也用于校正镜面加工的残余误差和光学系统的准直误差。在观测过程中，主动光学系统实时自动地用内置光学修正部件调整像质，在望远镜的每一块小镜子背后安装促动器（力促动器和位移促动器），在观测过程中用各种传感器不断地检测镜面因为重力、风力、温度等因素而发生的形变或拼接镜面子镜位置的变化，然后通过促动器来矫正镜子的形状和位置误差，从而弥补非期望的形变和位置失调，将镜面的形状和位置保持在最佳状态。

LAMOST是一架与传统望远镜在设计理念上差异很大的望远镜。为了解决大视场望远镜很难同时兼备大口径这一难题，LAMOST采用了卧式中星仪形式，避免了工程上很难实现的超长镜筒；又采用了反射施密特光学系统，克服了常规施密特望远镜无法得到大尺寸透射改正镜光学材料的障碍。这一卧式子午仪式的反射施密特望远镜的另一个特点是，它的反射施密特改正板不仅要承担校正主镜的三级球差的任务，还要承担对所观测目标进行跟踪的任务。但是新的光学系统又带来了新的矛盾——在跟踪天体过程中，由于被观测目标光线入射角的改变，反射施密特改正镜补偿球面主镜球差的非球面面形也要随之变化。天文学家采用在观测中实时变化非球面面形的施密特改正镜，即采用薄镜面的主动光学技术，实现了镜子曲面的连续变化，很好地解决了这一问题。LAMOST应用主动光学技术首创了这一传统光学无法实现的光学系统，欧洲南方天文台的国际著名天文光学专家、主动光学的发明人雷·威尔逊（Ray Wilson）评价道："LAMOST不仅发展了使施密特望远镜口径增大的途径，而且是主动光学最先进和雄心勃勃的应用。"

LAMOST的MA不仅采用了子镜实时面形变化的薄镜面主动光学技术，还同时采用了拼接镜面主动光学技术，在国际上开创了在一块大镜面上同时应用薄变形镜面主动光学和拼接镜面主动光学的主动光学技术。

在观测跟踪星体之前，望远镜首先要使37块MB子镜共球心。在观测过程中，随观测天区与跟踪时间的不同，MA 24块子镜要不断实时改变面形，以产生要求的非球面，消除光学系统的球差，并同时共焦。图3-6是MA主动光学系统校正前后的星像对比图。LAMOST的像质主要取决于主动光学系统控制的精度，实测可知LAMOST的主动光学能控制望远镜的星像最佳像质，使80%光能量集中在0.2角秒直径以内，此时镜面面形精度好于头发丝的两千分之一。

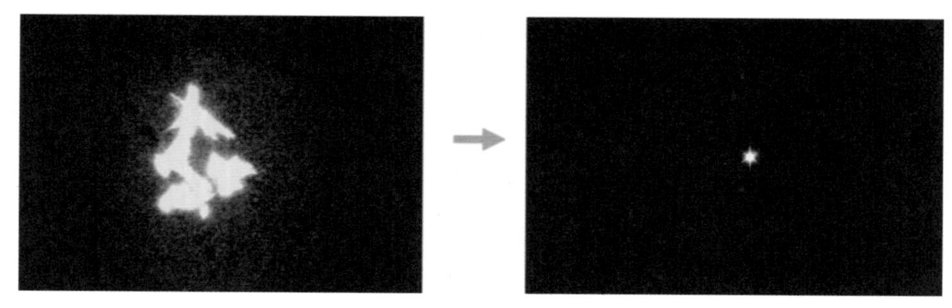

**图3-6** MA主动光学系统校正前（左）、后（右）的星像对比

LAMOST的主动光学系统包括：波前检测、波前分析、计算机控制、力促动器和力传感器、位移促动器和位移传感器。波前检测是用波前传感器检测各个子镜的面形和位置误差（共球心或

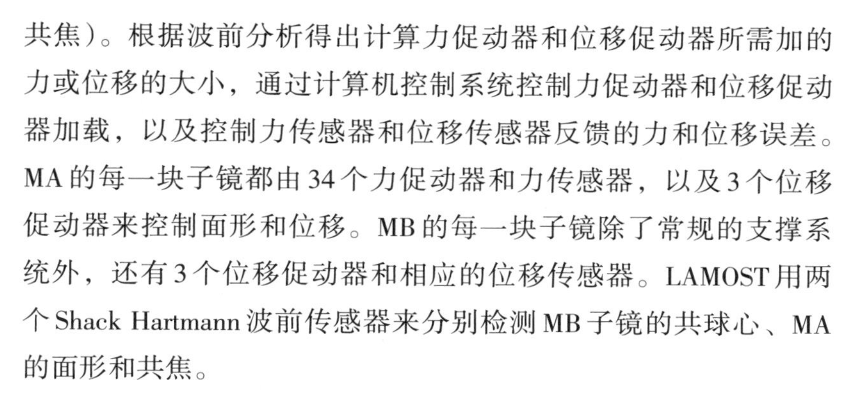

共焦）。根据波前分析得出计算力促动器和位移促动器所需加的力或位移的大小，通过计算机控制系统控制力促动器和位移促动器加载，以及控制力传感器和位移传感器反馈的力和位移误差。MA的每一块子镜都由34个力促动器和力传感器，以及3个位移促动器来控制面形和位移。MB的每一块子镜除了常规的支撑系统外，还有3个位移促动器和相应的位移传感器。LAMOST用两个Shack Hartmann波前传感器来分别检测MB子镜的共球心、MA的面形和共焦。

LAMOST创新性地用主动光学实现了常规方法不能实现的镜面形状可不断变化的光学系统，即在观测过程中实时形成一系列连续变化的不同的反射施密特光学系统，使大视场望远镜（反射施密特望远镜）的口径能够扩大，突破了国际上大望远镜长期以来大视场不能兼有大口径的瓶颈。

LAMOST在同一块大镜面上同时应用了可变形薄镜面主动光学技术和拼接镜面主动光学技术，还在一个光学系统中采用了两块大的拼接镜面，并且实现了六角形可变形镜面，这些技术属于世界首创。

欧洲南方天文台首先在VLT的中间试验望远镜上成功发展了大口径薄镜面主动光学技术，并成功应用在8米VLT、SUBARU、GEMINI上，突破了望远镜口径做到5米级就很难再做大的瓶颈；美国Keck望远镜首先成功实现了拼接镜面主动光学技术，使望远镜口径可以超越镜坯尺寸的极限，使研制口径更大的望远镜成为可能。LAMOST在此基础上，成功发展了在拼接大镜面上，每块子镜同时应用薄镜面主动光学的技术，将主动光学发展到新的阶段。因此可以说：美国Keck望远镜成功发展了拼接镜面的主动光学，欧洲南方天文台NTT-VLT望远镜项目成功发展了可变形薄镜面主动光学，LAMOST成功发展了可变形薄镜面＋拼接镜面的主动光学——我们称之为“第三类主动光学”。

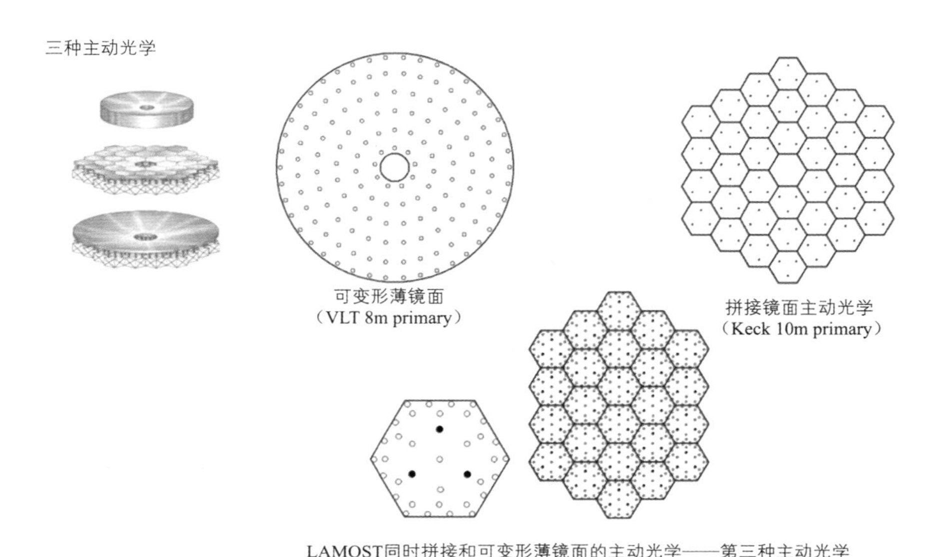


**图3-7** 三种主动光学示意图

特别值得自豪的是，LAMOST之前的望远镜的主动光学，主要用于消除大镜面热变形和望远镜跟踪过程中的重力变形，维持高精度的镜面曲面形状，以保证有好的像质。而LAMOST不仅可以做到维持好的镜面曲面形状，更重要的是，它可以在观测过程中不断地调整和改变不同镜面的曲面形状，用主动光学产生高精度的镜面面形，这是常规的光学技术不能做到的。

## ④ 会转的改正镜

天文望远镜从口径和视场上大致可以分为两种，一种是大口径望远镜，另一种是大视场望远镜。大口径望远镜能够观测更加遥远的天体目标，但是能够观测的视角范围有限，一般为半度左右，因此这类望远镜一般用于观测天体的细节。大视场望远镜则恰恰相反，它们能够观测的范围较广，一般为6度，一次可以观测多个天体目标，但口径很难同时做大，也无法像大口径望远镜那样观测距离遥远的天体。通俗地讲，大口径望远镜看得远但是看得少，大视场望远镜看得多但是看得近。20世纪40年代末，美国帕洛玛天文台建成了口径5米的大口径望远镜和口径1.2米的大视场望远镜，在这之后的近50年中，大口径光学望远镜发展到了口径10米，但大视场望远镜仍然停留在1.3米口径。这是因为施密特望远镜的非球面改正板一般是透射的，至今仍难以炼出直径大于1.5米且光学均匀性很高的光学材料。其次，为了得到大的视场，消除某些像差，施密特望远镜的非球面改正板必须放在球面主镜的球心，这就会形成一个较长的镜筒。为了保证同样像质和视场大小，口径增大会使得镜筒加长，从而增加了精密机械结构的难度。

因此，想设计和建造一个兼具大口径大视场的望远镜可谓难上加难。在过去的50年内，天文光学家一直在努力尝试建造大视场兼大口径的望远镜，比如英澳天文台的2dF计划，在口径3.9米望远镜的主焦点上加了一个改正镜，使视场扩大到2度，并且可在焦面上放置400根光纤，同时观测400个天体。此外，美国的SDSS计划在2.5米口径的望远镜焦点处加非球面改正板获得3度视场，同时观测640个天体。这些项目都付出了很大努力和代价，才将视场扩大到2—3度。LAMOST要想在通光口径4米的望远镜上实现5度视场，并且实现同时观测4000个天体的目标，其技术难度可见一斑。施密特望远镜具有大的视场，LAMOST利用这一特点，在传统施密特望远镜的基础上巧妙地采用卧式中星仪的形式，将望远镜的镜筒固定，创新性地用主动光学技术实现了反射施密特改正镜的高精度非球面面形在观测过程中的实时变化，从而首次在世界上成功研制出大视场兼备大口径的光学望远镜。

在前面一节，我们已经了解到改正镜MA的主动光学技术是LAMOST的两个关键技术之一，是实现大口径兼具大视场的核心技术。MA的主动光学技术是薄镜面主动光学技术（控制MA

图3-8 安装中的MA镜面支撑桁架

单个镜面的面形）和拼接镜面主动光学技术（同时控制MA24块子镜）的结合，这两个功能的实现都与MA的支撑系统密切相关。现在，让我们走进LAMOST非球面改正镜MA的支撑系统，简单了解它是怎样构成，又是如何通过实时改变姿态实现对目标天体的观测的。

LAMOST反射施密特改正镜MA是一块长5.72米、宽4.4米的非球面反射镜，为了降低造价，LAMOST使用24块对角直径为1.1米、厚度为25毫米的六边形平面子镜拼接而成。实际观测过程中，每块子镜利用主动光学控制技术实时地产生需要的面形，并且根据需要实时地使各子镜共焦，从而保证得到较高的成像质量。从整体来看，MA的支撑系统是支撑一块长5.72米、宽4.4米的反射镜；但具体来看，则是并行地支撑24块超薄镜面。为了减小热效应的影响，保证MA光学系统的稳定、可靠和精确定位，LAMOST采用空间桁架结构作为镜面主体支撑系统。

MA的空间桁架结构（也称为总镜室）的东西两端水平地支撑在地平式机架上，通过子镜室支撑子镜，各子镜室又通过三个固定支撑点与总镜室相连。MA的每块子镜由支撑系统固定在子镜室上，用以同时实现单个镜面和24块拼接镜面的主动光学技术。其中，每块子镜支撑系统有34个主动支撑点的力促动器（主动光学系统中对镜面加力控制镜面形状的元件），它们会按照要求的力的分布实时调整，还有3个固定的定位点由位移促动器（主动光学系统中的关键部件之一，主要功能是按照要求产生精确的机械位移，调整子镜位置，使各子镜动态地稳定在各自的光学位置上）实现精确的定位。

与传统的施密特望远镜中固定的非球面改正镜不同，MA除了要承担起校正球面主镜球差的职责外，还肩负着对准和跟踪被观测天体的任务。完成目标天体对准和跟踪任务的是LAMOST的机械跟踪系统，主要由MA及焦面机构组成，跟踪系统控制MA和焦面按照一定的规律运动，使天体的像精确稳定位于望远镜焦面光纤头上。

反射施密特改正镜MA安装在它的机架上，对天体的指向和跟

**图3-9** 在兴隆站安装完成后的MA机架和跟踪装置

踪运动完全由机架和焦面机构承担。在指向和跟踪过程中，通过机架改变MA的法线方向，使天体目标的反射光线始终对准MB。因此，我们可以说，一般望远镜是根据光轴的方向跟踪天体，而LAMOST则是根据MA镜面的法线方向跟踪天体，其跟踪精度是光轴跟踪的2倍。MA的机架采用地平式装置，与赤道式机架相比，地平式机架具有结构紧凑、重力变形对称以及可以简化机架结构、减轻重量等优点。机架的指向和跟踪由方位和高度两个方向的旋转实现。

观测时，天体发出的光经过非球面改正镜MA反射到球面主镜MB，再经过MB反射到焦面上。LAMOST的焦面是直径为1.75米、表面曲率半径约为20米、质量约为2吨、固定了4000根光纤及光纤定位机构的球冠面。LAMOST通过改变MA的法线方向使反射光始终对准MB，以此来实现对目标的跟踪。由于地球的自转，整个目标区在焦面所成的像在跟踪过程中将会绕望远镜的光轴旋转，观测不同的天区时旋转的速度不同，在观测北极时旋转速度最大，在观测赤纬24.6度的天区时旋转速度最小达到零。为了使4000根光纤准确成像在各自的光纤头上，焦面机构必须具有能够消除旋转的机构，我们称之为像场旋转机构。观测不同天区时，为了得到好的成像质量，焦面应该能在子午面内改变其观测姿态。为了实现这一功能，焦面机构应该具有能够调整姿态的机构，我们称之为姿态调整机构。LAMOST的MA、焦面机构和MB三个部分分别安装在三个基墩上。由于基墩和温度引起的相对位置的变化，会使得整个望远镜系统的焦点位置发生改变。因此，为了准确成像，焦面机构应该具有能够调焦的装置，即调焦机构。为了便于光学检测，整个焦面机构应该能够整体移出光路，并能够精确重复定位于光路之中，这一运动称为焦面机构的侧移，实现这一功能的装置称为侧移机构。

图3-10　安装了4000根光纤的焦面机构

## ⑤ 定位问题

要想获取夜晚点点繁星的“指纹”——宝贵的光谱信息，必须从茫茫夜空中捕捉到微弱的来自星星的光。这需要收集来自天体的微弱辐射，使之成像在焦面上，然后通过焦面仪器进行分光、探测和记录。对于LAMOST而言，捕捉光谱信息的工作是由焦面仪器部分来完成的。LAMOST需要精确定位每晚计划观测的天体，这对成功观测来说是至关重要的。焦面仪器是LAMOST直接获取天体光谱信息的部分，和望远镜本体同属于项目工程中的主要部分。LAMOST的创新设计使之具有了5度角直径的大视场，在其焦面上安置着多达4000根光纤，每个光纤就像“值班工人”一样，负责对准不同方向上的一个天体目标，记录下所定位天体的信息。这意味着LAMOST可一次性捕获4000个天体的光谱信息，

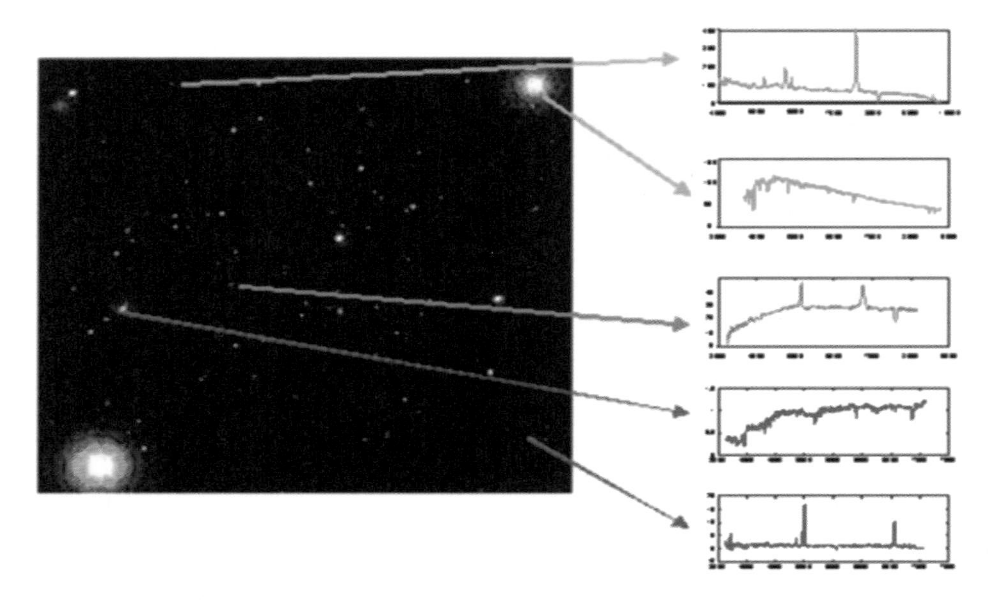

图3-11　经过精确定位后获取的天体光谱

也让其成为当今世界上最强大的多目标光纤光谱望远镜。面对如此多的光纤单元，如何快速精确定位到所对应的天体，这是一个很大的难题，只有解决它，才能保证获取光谱信息的数量和准确性。

因此，LAMOST的光纤定位是一个摆在我们面前的难题——大视场允许光纤足够多，多达4000根；而每一根光纤又必须能在足够短的时间内精确地定位到观测的天体，这样才能高效率地获取高质量天体光谱信息。

根据LAMOST的设计要求，焦面仪器分为光纤定位装置、光纤、光谱仪和探测器四个主要部分，还包括定位和导星装置，涉及光、机、电和控制等多个方面。技术上的最大难点在于光纤定位装置，其他部分虽然数量多、工作量大，但属于成熟的技术。光纤定位装置包括光纤和定位单元机构等，安装在望远镜的焦面机构上，可以进行整体的旋转和调节。

如何将4000根光纤在较短的时间内精确对准各自的观测天体目标，从而将天体的光束引入设置在光谱仪室中的多台光谱仪中？这是一个难题，涉及LAMOST亟须解决的关键技术之一——光纤定位技术。

要在直径为1.75米的焦面上布置多达4000根光纤，而当时国外望远镜上最多只有640根光纤，光纤定位精度还要求达到40微米。这些在当时都是前所未有的，极富挑战性，但也正是保证LAMOST大规模光谱巡天高效率的前提条件。

当时国外采用的较为成熟的光纤定位技术，包括固定的定位孔、磁扣式等方案，SDSS采用的是打孔固定式光纤定位系统，其光纤定位方式为通过铝板钻孔的孔板法进行光纤定位，在一块直径约500毫米的铝板上按预先设定的坐标打孔，其打孔坐标根据待观测的天区天体坐标经过换算到焦面板上而定。观测前，需要人工把640根光纤安装到对应的孔位中，并将安装好光纤的孔板固定到焦面上，然后开始观测，最多可同时观测640个天体。每次更换天区需要手动更换640根光纤。对于LAMOST而言，每块光纤定位板对应观测天区为20平方度，总观测天区为20000平方度，如果每块板安装4000根光纤，那么观测1000万个天体就需要2500块光纤定位板。这些光纤定位板还需要加工成球冠形以适应焦面形状，钻孔的方向要朝向球心以适应光路。在每块直径为1.75米的球冠板上加工定位精度要求很高、互相不平行的4000个孔，需要大型

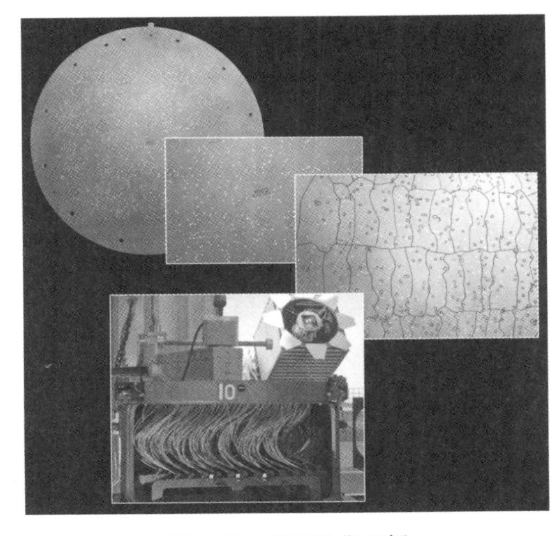


**图3-12** SDSS焦面板

图3-13　2dF焦面结构

多自由度的加工设备。这会使得加工成本高、周期长，而且随着观测过程继续下去，成本会不断增加。另外，在观测过程中几乎无法进行温度补偿及调整。每次观测时，安装、调整直径达1.75米的光纤定位板及人工转换4000根光纤也是一件极其费工费时的事。考虑到这些局限性，显然SDSS所采用的定位方法并不适合应用于LAMOST。

国际上另一种较为成熟的光纤定位系统，为2dF采用的磁扣式光纤定位系统。磁扣式光纤定位是将光路通过小棱镜90°进入光纤入射端，在棱镜下方放置一块小磁石，通过机器人将其吸附在铁基焦面基板上，光纤则躺在焦面基板上将入射光引到光谱仪中。通过这种方式，在直径为520毫米的焦面上放置400根光纤，可同时观测400个天体。但此定位方案同样不适合LAMOST，因为在直径为1.75米的球冠形焦面板上要排下4000根直径0.3毫米的光纤，先放置的磁扣光纤头很难保证不被后放的光纤遮挡或拖动。

另外，在焦面上垂直放置光纤，这些光纤的下垂重力对磁扣的要求更高，光纤之间的影响将会更大。焦面直径太大会使得部件的机械手悬臂太长、刚性较差，较难保证布线的精度，且圆周上最多只能安置50—100个布线机械手，布线占用的时间较长。焦面板的球冠形也给机械手布线增加了难度。显而易见，2dF所采用的光纤定位系统也不适合应用于LAMOST。

为了解决这一技术难题，在项目论证之初，LAMOST项目组便开始征集光纤定位系统的方案。到1996年，共收到10个光纤定位系统方案。经过筛选后，LAMOST工程指挥部组织三家单位进行并行可控光纤定位原理的试验，由中国科学技术大学、长春光机所和沈阳自动化所三家单位分别按照各自的方案制造单个单元试验的样机。三家单位用了三年时间，分别完成了第一批试验样机。

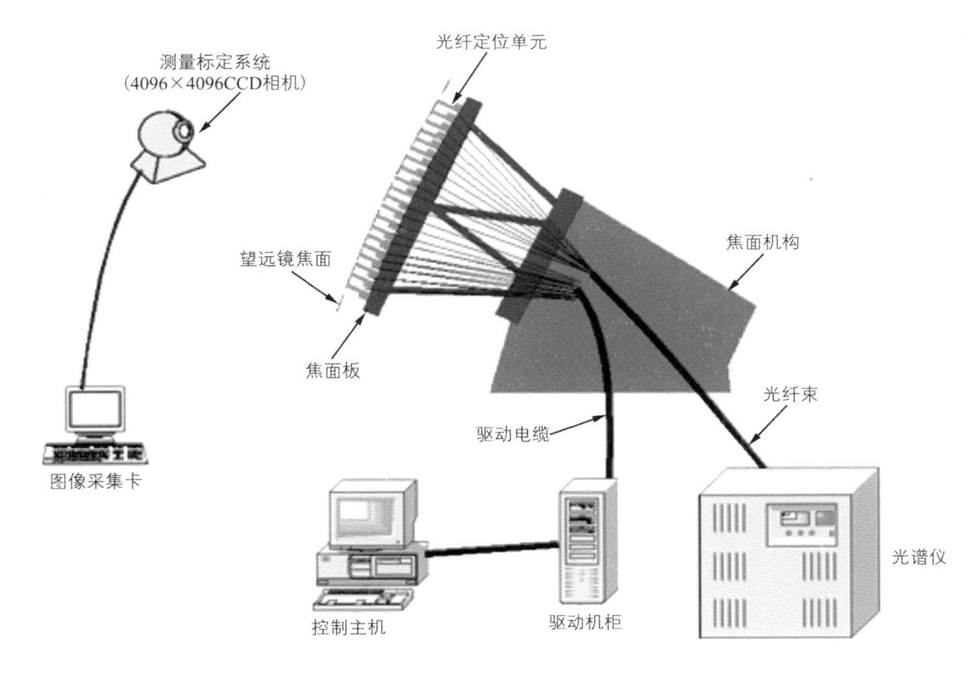


**图3-14**　光纤定位系统组成示意图

图3-15　已制备的光纤定位单元

中国科学技术大学邢晓正提出的基于分区思想的并行可控式光纤定位方案，较好地解决了这一技术难题，并最终被确定为LAMOST光纤定位系统的设计方案。它特别适合像LAMOST这样目标多达几千根光纤定位的情形，定位速度快、精度高，可以实时补偿温度和大气折射等引起的误差，光纤与焦面法线偏角小，直接对准星像，光能损失小，观测上无盲区，4000个可控式单元由相同的构件组成，加工成本低，可靠性高，运行费用低，得到了国内外同行的好评。

并行可控式光纤定位系统由直径为1.75米、球半径约20米的球冠形焦面基板，4000个光纤定位单元，含8000个步进电机的并行控制系统，焦面测量校准装置等组成。

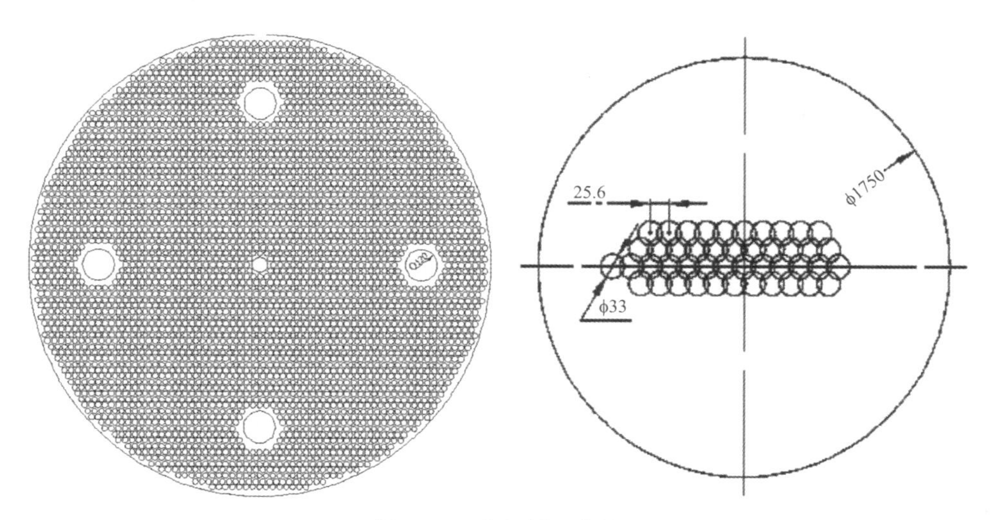


图3-16　焦面板示意图

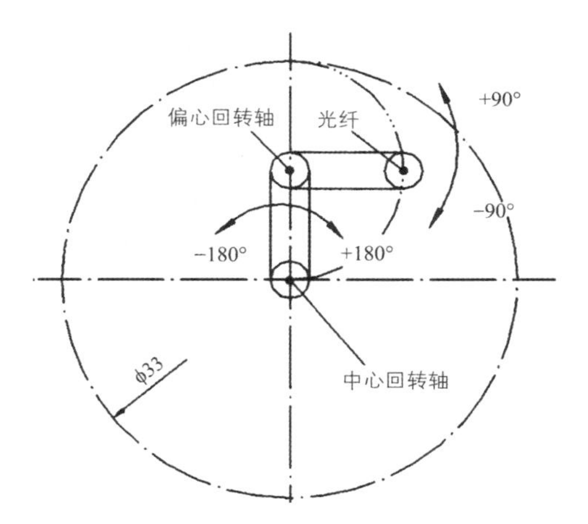

**图3-17** 双回转单元原理图

在并行可控式光纤定位系统中，在望远镜的焦面上需要安装一块直径为1.75米、球半径约为20米的球冠状焦面板，在如此大的焦面板上蜂窝状安置约4000个轴线朝向球心的孔，如此精细准确的结构如同巧夺天工的蜂巢。每个孔中装一个光纤定位单元，每个单元头的端部装一根光纤，由两个步进电机驱动做双回转运动。光纤从单元空心轴的孔中穿过焦面板后，引向光谱仪。每根光纤的有效覆盖面为直径为33毫米的圆，而相邻单元的中心距为25.6毫米。观测区域互相重叠，不仅没有盲区，而且有利于提高观测效率。

焦面仪器所用光纤和其他天文观测所用光纤一样，是高质量的石英光纤。这种光纤损耗率低，有良好的光谱传输特性。同时，每根光纤的两个端面要加工到光学表面的水平，以达到最好的效果。光纤在光谱仪入射端按规则排列在狭缝处。

作为安装4000个光纤定位单元机座的焦面板，它的面形精度以及4000个安装孔的形状与位置精度，直接影响望远镜的定位精度等指标。焦面板的形状、结构、尺寸、材料及其性质，如质量和热稳定性等，对整个望远镜的正常运行影响很大。它与焦面支撑、装配调整、观测跟踪及光纤电缆的排布等因素密切相关。

控制系统驱动单元上有8000个步进电机，以驱动光纤入射端定位于期望位置。控制系统的主要任务是根据望远镜控制系统发来的星像目标，确定观测方案，驱动光纤到相应的位置。

另一部分则为测量装置。其核心部件为一块4096×4096面阵CCD，采用在焦面上均匀放置标定板，然后将整个焦面分成四块

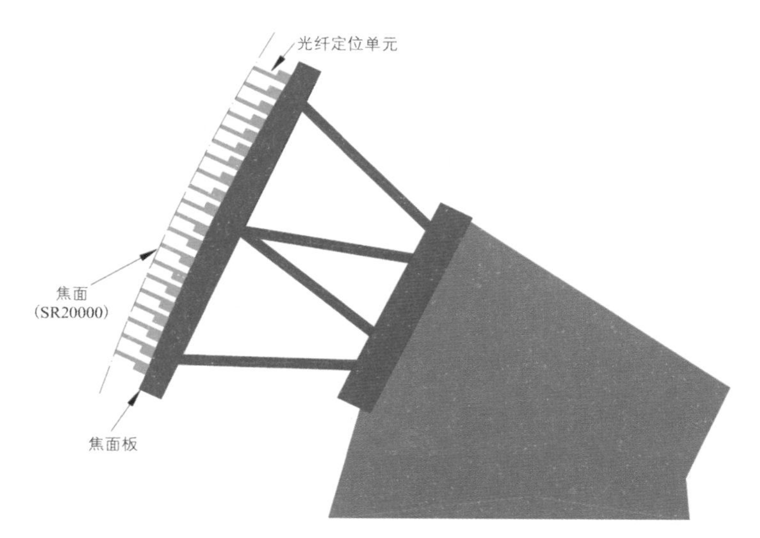


**图3-18** 焦面板安装示意图

边缘重叠的区域进行分区拍照，再进行拼合的方法，对单元机构的光纤定位进行测量和标定，以检验整个装置的定位精度。

这种并行可控式光纤定位系统可谓另辟蹊径，以其独特的优势满足了LAMOST光纤定位的需要。4000个光纤接收端同时按观测天区天体坐标各自定位，可以在数分钟内定位完毕。这样可使望远镜的夜间工作时间达到极限，大大提高了工作效率。每个单元机构的工作范围仅为30毫米，足以保证每根光纤定位精度优于40微米的要求。每个光纤头可以独立运动，可以实时补偿温度或其他因素引起的位置偏差。对于大气较差的折射误差，也可以实时地对每个目标进行精确补偿。由于每根光纤端部直接对准星像，其光能损失较其他定位系统小。而且相邻的两单元机构工作范围有重合区，也提高了观测效率。

4000个可控式单元机构使用相同的组件，降低了加工成本和难度，并且可以方便地更换和维修。由于4000个单元在并列工作，即使个别单元出了问题也不会导致整个系统不工作。单元机构由坐标校准装置校准，简单控制即可达到定位精度要求，而且系统误差也可以较方便地消除或减小。由焦面板上不同部位安装的数块面阵CCD采集亮天体的坐标信息，通过数据处理，可以保证光纤焦面板总体的定位精度。

采用在焦面板上分4000个小区的并行可控4000根光纤的技术是LAMOST的一个独创技术。这种方法的定位精度小于40微米，定位时间小于15分钟，这在全世界都属于领先技术。

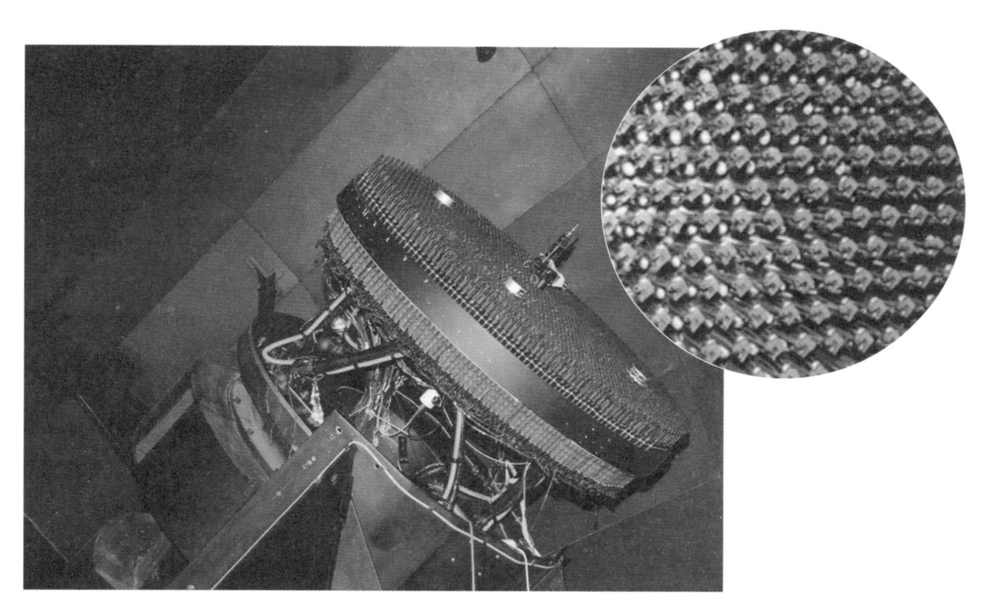

图3-19　研制成功的焦面板及4000根光纤定位单元

## ⑥ 效率最珍贵

目前，对宇宙中各种天体的“户口普查”主要有两种方式：一种是“成像巡天”，另一种是“光谱巡天”。成像巡天的主要任务是记录目标天体的位置和亮度，这类似于人口普查中了解某家人的家庭地址和家庭成员数量。光谱巡天的主要任务则是通过光谱观测和分析了解天体的运动速度、大气温度、表面重力和表面大气的元素构成等物理性质，这好比人口普查中详细了解这家人的人口组成等具体情况。光学波段的光谱中所包含的天体物理信息量非常大，可见光谱巡天的意义之大。

目前，世界上完成的巡天项目大多数是“成像巡天”，虽然天文学家已经获得了数以百万计的目标天体的位置和亮度信息，但遗憾的是只对它们中的很小一部分（约万分之一）进行过光谱观测。换言之，人类对已获得位置和亮度信息的大部分目标天体的其他物理性质一无所知。LAMOST项目能帮助人类观测大量天体目标的光谱，并借此更深入地了解更多目标天体的物理性质。

天体光谱观测的低效率，是因为一架望远镜同一时间只能观测一个天体的光谱所致。因此，要想一次观测多个天文目标的光谱，提高光谱观测的效率，首先需要天文学家发明同时观测多个天文目标光谱的技术。20世纪90年代，英美天文科学家共同奋斗十余年的多目标光纤光谱仪技术趋于成熟，他们能够用400根光纤将视场中400个目标的光引入光谱仪同时进行测量，这为大规模天体光谱测量奠定了技术基础，极大地提高了天体光谱信息测量的效率，是近百年来天文学技术的一大进步。

LAMOST使用的多目标光纤光谱仪技术配备了16台多目标低分辨率光纤光谱仪，将4000根光纤平均分配到16台光谱仪上，每台光谱仪接入250根光纤。每台光谱仪包含两台CCD相机，其中一台CCD相机负责接收光谱范围中蓝区（3700埃到5900埃）的光流量，另一台CCD相机负责接收红区（5700埃到9000埃）的光流量，因此16台光谱仪共配备了32个CCD相机，每个相机的像素为4096×4096。LAMOST配备了16台多目标光纤光谱仪，不仅实现了一次观测多个天文目标的设计指标，大大提高了光谱仪的观测效率，还将当前全世界光谱巡天能够同时观测的天体目标数量提高了一个量级，达到4000个。

为了提高光谱巡天的效率，除了采用多目标光纤光谱仪技术，还需要从其他方面提高望远镜的效率和性能。光谱仪是望远镜的核心部分，光谱仪的工作效率直接影响望远镜的工作效率。要提高光谱仪的效率需要考虑很多因素，如透射光学元件的吸收率、反射光学元件镀膜的反射率及抗氧化性能、表面粗糙度造成的散射、光栅的衍射效率、CCD的量子效率、狭缝遮光以及光纤损耗等。为了尽可能地提高光谱仪的效率，研究团队从各个方面做了很多努力。

首先，采用高效率的光栅设计方案。LAMOST的16台光谱仪均匀地分布在焦面楼六、七两层的光谱房内，4000根光纤将收集到的星光引入每台光谱仪。光谱仪安装在1.8米×3米的光学平台上，外部装有罩壳。光谱仪主要由狭缝、准直系统、分色镜、光栅、照相机系统和CCD组成。其中，光栅是一种分光元件，用来把复合光分解为按照波长排列的单色光。根据LAMOST的设计目标，设计团队提出了多种可能的光谱仪设计方案，经过多轮评审论证，决定采用反射刻画光栅方案作为样机的实施方案。在样机的研

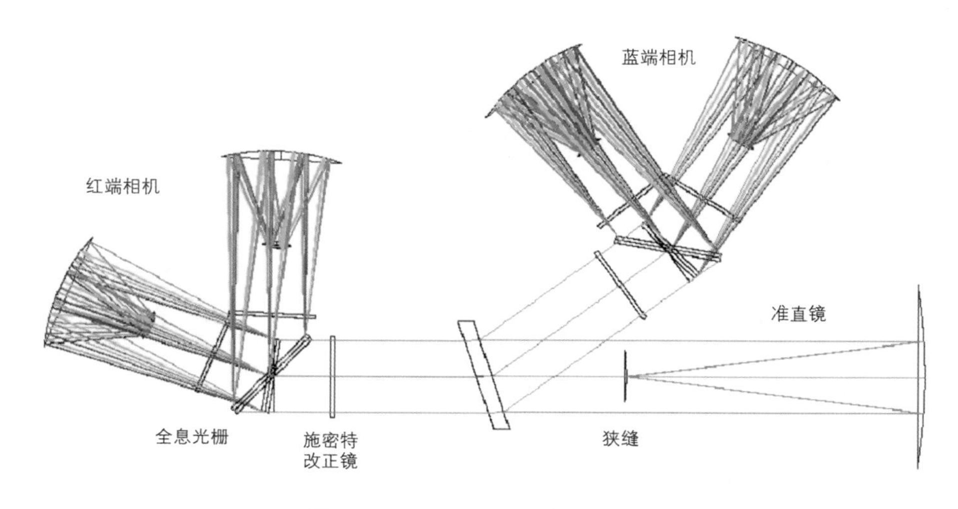


图3-20　LAMOST光谱仪光路图

图3-21　光谱仪内的体相全息光栅

制过程中，一种新的光栅技术——体相全息光栅方案（VPH光栅方案）进入研究团队的视野，这一技术对改善下一代光学和红外光谱仪性能具有激动人心的应用前景，已经引起世界许多天文学家的重视。美国国立光学天文台（NOAO）的下一代光学光谱仪（NGOS）、OAR望远镜的高效率光谱仪、英澳天文台的卡焦新光谱仪等都是基于VPH光栅来考虑设计方案的。鉴于VPH光栅衍射效率高、光学失真小、采光能力强等优点，以及近年来为国外很多天文台采用的现状，LAMOST最终采用了VPH光栅方案作为16台低分辨率光谱仪的方案。该方案的实施极大地提高了光谱仪对天文目标微弱光线的采集能力，大大提升了LAMOST的观测效率。

在光谱仪中，光学元件的摆放位置是不可忽视的环节。光谱仪光路设计以及各个光学元件在光路中的位置会影响光谱仪的效率，在平衡其他因素（如光谱仪尺寸）影响的前提下，设计方案需要尽量减少光学元件对光路的遮挡，提高入射光的“通过率”，提高CCD相机能够探测到的光流量。

其次，镜片镀膜。在LAMOST的光学系统中包括反射镜和透射镜。为提高望远镜的通光效率，透射镜镀有增透膜，反射镜镀有反射膜。随着时间的推移，膜层会发生氧化，导致反射镜的反射率和透射镜的透过率降低，为此需要定期镀膜来维持反射镜和

图3-22　镀膜后的镜片

透射镜的最佳性能。

再次，要关注视宁度的改善和监测。望远镜的整体效率和性能除了受到光谱仪效率的影响，还受其他因素的影响，视宁度是其中比较重要的一个因素。视宁度是对受地球大气扰动影响的天体图像质量的量度。大气越不稳定，流动越快，望远镜获得的图像就越模糊。视宁度受大气温度的影响很大，为了改善观测室内的局部视宁度，提高图像质量，需要对圆顶进行降温和制冷。LAMOST的工程师们设计了视宁度实时监测设备和圆顶视宁度改善制冷设备。

最后，还要考虑望远镜的维护。除了设计的时候充分考虑望远镜的效率和性能，对望远镜进行定期的维护和清洁工作也是非常必要的。为了保持望远镜的高效率和高性能，延长使用寿命，

**图3-23** 圆顶视宁度改善制冷设备的室内和室外机组图

LAMOST有一个专门团队定期或者在观测间隙对望远镜进行维护。目前，LAMOST主要的维护工作包括光学镜面的清洁和镀膜、光纤端面的清洁、光纤单元更换以及望远镜其他仪器设备的维护和保养。

# 第四章 十年“磨”一镜

LAMOST的最初方案由中国科学院院士王绶琯和苏定强牵头，于20世纪90年代初正式提出。1996年，LAMOST被列为国家“九五”重大基础科学建设项目。经过4年的技术攻关后，2001年，该工程正式开工建设。此后又经过7年的奋战，LAMOST工程于2008年10月落成。从立项到正式落成，工程的建设周期长达11年。LAMOST寄托了几代科学工作者的厚望。

全部镜面拼接安装成功后的LAMOST MB主镜。

## ① 天文界的宠儿

在“九五”计划期间，我国决定筹建一批大型科学工程项目，以促进我国国家战略层面高新技术的发展和基础科研水平的提高。1992年春，中国天文学会、中国科学院数理学部向全国天文界征集未来重大天文观测设备建设方案。

王绶琯院士等老一辈天文学家苦苦思索，多次论证，三易蓝图，最终于1994年确定了专门进行大规模天体光谱巡天观测的LAMOST方案。

1994年12月到1995年6月间，中国天文学会、中国科学院数理学部、中国科学院、国家科委、国家计委先后组织了多次评议和评审。当时共有十多个重大天文观测设备参选，历经层层筛选和评审，最终LAMOST以其独特的优势和创新的理念从众多的项目中脱颖而出，成为天文界的“宠儿”，正式被立项为国家重大科学工程。

LAMOST是一个颇具雄心的项目，它要将世界上光谱巡天望远镜的最高效率提高一个数量级，从当时国际上用600多条光纤一次拍摄600多个天体的光谱的水平，提高到用4000条光纤一次拍摄4000个天体的光谱。LAMOST不仅要做最大最多,还要做最难最强。其中创新之多、风险之大，让很多外国同行叹为观止。建成后的LAMOST在国际上首次解决了天文望远镜大口径与大视场不可兼得的矛盾，它在数年内拍摄的天体光谱数据就超越了此前全世界拍摄的天体光谱数据的总和，并且产出了一大批具有高度影响力的科研成果，在国际天文领域占据一席之地。

1995年7月，国家科技领导小组决定启动国家重大科学工程计划，LAMOST被列入首批启动项目。1996年，国家计委正式批复《LAMOST项目建议书》。批复中要求由中国科学院承担建设LAMOST望远镜国家重大科学工程项目。紧接着，国家计委批复了项目的可行性研究报告。获得批复后，LAMOST开始了正式建设。然而，项目面临着技术攻关、工程建设、经费、人才、组织管理等一系列困难。

从1997年立项开始，经过十余年的艰苦奋斗，LAMOST团队终于研制出了最大等效通光孔径4.9米、最大视场5度的巡天望远镜，在国际上证明了中国在天文大科学装置方面的创新能力。

## ② 串珠为链

立项之后，为了能使项目顺利、有序地推进和实施，项目管理委员会正式成立。作为项目的最高领导机构，项目管理委员会主要负责工程目标、人事安排等重大问题的决策以及各部门之间的协调，同时为工程顺利进行提供条件保障并监督工程进展情况。1996年，时任中科院副院长的许智宏任项目管理委员会主任，2000年，时任中科院常务副院长的白春礼接任项目管理委员会主任。

1996年10月，项目工程指挥部成立，项目总经理为苏洪钧。1998年11月，崔向群被聘为项目总工程师。2001年，赵永恒任项目常务副总经理，崔向群、褚耀泉任项目副总经理，姚正秋任项目总工艺师，李颀任项目总经济师，张丽萍任项目副总经济师。2003年，赵永恒接任项目总经理，李国平任项目总工艺师。

一批具有远大抱负和充满干劲的科学工作者，为了这项国家大科学工程聚到一起，组成了一支精英团队。项目工程指挥部负责对整个工程项目的目标、进度、资金和质量进行控制，并保证工程安全。工程指挥部对项目管理委员会负责，并接受项目科技委员会的监督。工程指挥部下设科学部、工程部、建筑和台址

**图4-1** 以苏洪钧总经理为首的项目工程指挥部（从左至右：崔向群、李颀、褚耀泉、苏洪钧、姚正秋、赵永恒、张丽萍）

**图4-2** 以赵永恒总经理为首的项目工程指挥部（从左至右：张丽萍、李颀、崔向群、赵永恒、褚耀泉、李国平）

组，科学部与工程部负责八个子系统。

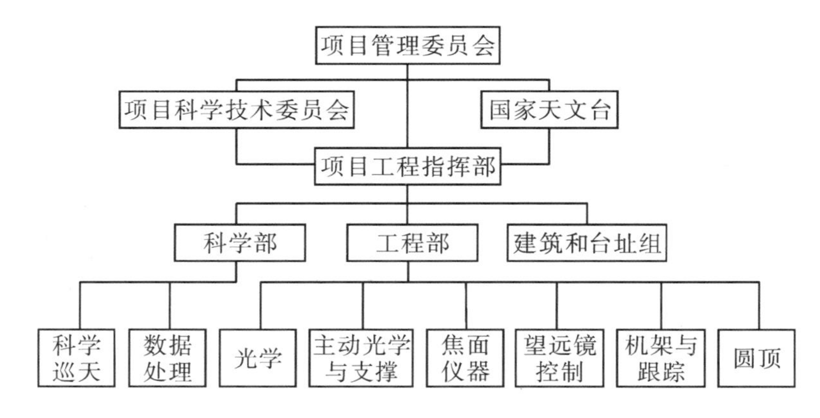


**图4-3** LAMOST工程的管理架构

项目科学技术委员会是项目管理委员会的咨询机构，项目科学技术委员会的职责是就项目建设的重大问题，特别是就科学目标和技术方案向项目管理委员会提出建议和审核意见，协助其对工程建设实施监督；同时作为工程指挥部的顾问机构，向工程指挥部提出建议，并对工程中非标设备的建设提供监理。LAMOST的发起人之一王绶琯任项目科学技术委员会主任。

正是有了强有力的管理机构、坚实的组织后盾，加上对我国天文事业的忠诚和远见卓识，才使得LAMOST设计、建设团队明

**图4-4** 项目科学技术委员会成员（从左至右：雷天觉、王大珩、唐九华、朱能鸿、苏定强、陈建生、王绶琯）

知风险大、责任重，仍然坚定不移地踏上了这条充满挑战和困难重重的LAMOST建设之路。

## ③ 攀越最高的山峰

曾经有外国同行说：“LAMOST太难了，做不出来。”然而，面对困难，没有人临阵退缩。为了克服经费有限的困难，必须想办法找到最优方案。项目组核算后发现，望远镜的主镜和改正镜如果不拼接，那么整个项目的经费都要用在这上面，根本无法开展其他的工作。考虑再三，科研人员决心自主研发。

主动光学是LAMOST两大关键技术之一。为验证和实现自主创新的主动光学设计方案，项目组在南京建造了一块MA镜和一块MB镜的室外主动光学实验装置。这相当于1米口径的LAMOST，包括了光机电各个系统，因此被称为“小LAMOST”。“小LAMOST”涵盖了LAMOST的主要关键技术和许多工程技术，如直接与主动光学相关的镜面支撑、力促动器和夏克—哈特曼检测装置，以及机架跟踪和圆顶围挡气流控制等。2004年12月，“小LAMOST”（大口径主动光学实验望远镜装置）在南京通过验收和成果鉴定。该装置是国际上第一架采用主动光学技术的反射施密特望远镜，荣获2006年度国家科学技术进步二等奖。大口径主动光学实验望远镜装置项目技术难度很大，拥有多项首创技术，它的成功是南京天文光学技术研究所的天文光学技术专家、精密机械专家和自动控制专家们共同用智慧、心血与汗水创造的，是我国自主创新的成果。其研究和发展的主动光学技术不仅可用于实时校正望远镜的重力变形和热变形，还可获得传统方法不能实现的新型光学系统。这一成果随后被成功应用于LAMOST，为实现拼接镜面主动光学技术和薄镜面主动光学技术迈出了决定性的一步，具有广阔的应用前景。

图4-5　LAMOST主动光学实验装置室外景

2006年，项目组成功完成了三块MB主镜的拼接镜面实验；2007年，完成了四分之一面积的LAMOST光学系统（6块MA子镜和9块MB子镜）的中间实验。这两个实验是“小LAMOST”主动光学实验的进一步延伸。由此可见，主动光学技术的成熟是一个稳步推进的过程，实验从最小的功能单元做起，逐渐扩大规模。在这些实验成功后，LAMOST完整的24块MA镜与37块MB镜的架构也最终得以实现。

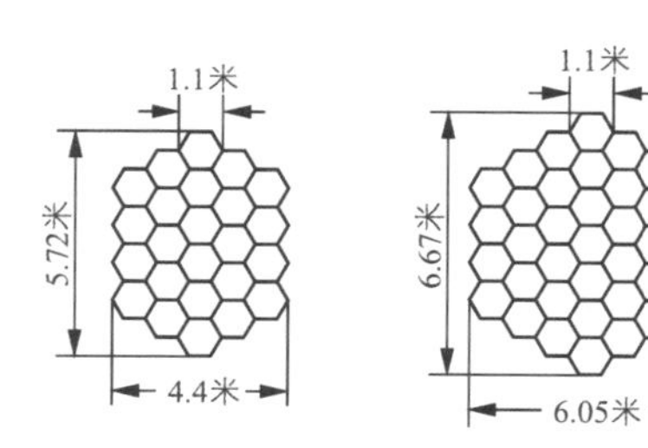


图4-6　LAMOST改正镜（左）和球面主镜（右）

在一块大的拼接镜面上同时实现观测中的实时变形，国际上还从未实现过：每一个拼接的镜子都是六边形的，并且在一个大的光学望远镜中有两块拼接镜，这些都是困难所在。在LAMOST的研制过程中，科学家们发展了主动光学，积累了磨制镜片等方面的技术，为将来建造更大的望远镜打下了基础。

光纤定位系统是LAMOST另一项极为关键的技术，它要求把4000根光纤在较短的时间内精确对准各自的观测目标。当时国外采用的是较为成熟的光纤定位技术，包括固定定位孔式、磁扣式等。但由于LAMOST焦面的直径较大（达1.75米），光纤数目多达4000根（国外当时最多只有640根），国外现有的方案很难直接使用。

为了解决这一难题，项目组1996年就征集了10个光纤定位系统的方案。经过筛选以后，LAMOST工程指挥部组织三家单位进行并行可控光纤定位原理的试验，由中国科学技术大学、长春光机所和沈阳自动化所三家单位分别按照各自的方案制造单个单元试验的样机。这三家单位花了三年时间，于2000年10月完成了第一批样机。最终，中国科学技术大学提出的“并行可控式光纤定

图4-7　主动光学试验验收会

位”方案被采用。该方案定位速度快、精度高，可以实时补偿温度和大气折射等引起的误差，4000个可控式单元由相同的构件组成，加工成本和运行费用低，可靠性高。

图4-8 多单元光纤定位实验装置（19个单元）

LAMOST最终采用在焦面板上分4000个小区并行控制4000根光纤的技术，这也是一个独创。正确的技术抉择是整个项目稳步向前推进的重要保证。这种方法的定位精度小于40微米，定位时间小于15分钟，整套系统由焦面板、4000个光纤定位单元和无线控制驱动的8000个步进电机组成。

2003年10月14日，由中国科学技术大学研制的19个单元样机，在经过一年半的平稳运行后顺利通过验收，表明这项关键技术已取得了突破性进展。2004年9月，4000根光纤焦面定位系统的设计方案也通过评审，并开始进入加工制造阶段。

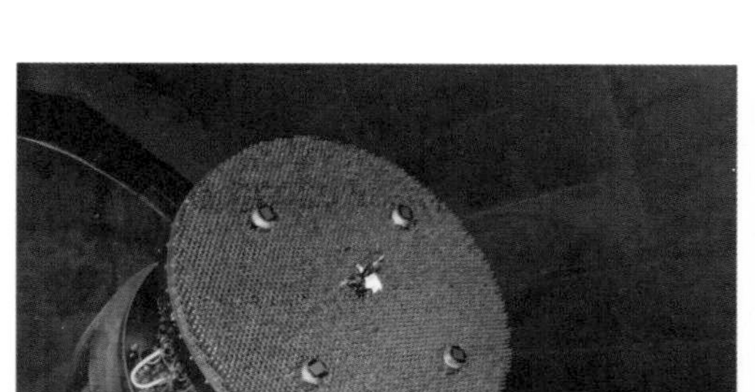

**图4-9** 焦面机构（左）和LAMOST的4000根光纤自动定位系统（右）

到2005年，技术攻关顺利完成。项目组在不断攻关的过程中，实现了不少技术创新。其中的创新主要体现在两个方面：一个是主动光学技术，另一个是光纤定位系统。主动光学技术是LAMOST最关键的技术难点，可以说它决定了LAMOST的成败。

完成多项技术攻关后，LAMOST正式进入全面加工制造阶段。为了确保成功，LAMOST采取了集成技术路线。LAMOST除了大的机架是一个整体，其他部位也有许多是由相同的单元集成的。比如主镜和反射改正镜分别由37块和24块子镜拼接而成，光纤单元有4000个，光谱仪有16台。所以，在南京进行的技术攻关从只有一个主镜子镜和一个主动反射施密特改正镜子镜开始，成功后继续做3块主镜子镜的拼接。这样一部分一部分来做，最终集成LAMOST的整体光学系统。光纤单元也是从1个到19个、250个，再到4000个。一步步分开进行，出现问题能及时发现并调整，并在进行过程中逐步积累经验。就这样一步步推进，从技术、人员到设计都做了充分的准备，后面的进展也越来越快。

# ④ 一支别样风采的队伍

苏定强院士曾说过："参加LAMOST就是参加敢死队。"没错，LAMOST的建设团队可以称得上是一支"敢死队"，是一支敢打硬仗的队伍。

1993年，王绶琯、苏定强两位院士邀请崔向群加入LAMOST项目。其时，崔向群在欧洲南方天文台参加20世纪末世界上最大的天文光学望远镜计划——4台口径8米望远镜合成口径16米望远镜的研制工作，正处在事业蒸蒸日上之时。1994年初，积累了丰富工作经验的崔向群婉言谢绝国外研究单位的挽留，为了国家的需要，义无反顾地携全家回国，开始参与LAMOST的研制工作。

尽管当时国内外有不少人不看好这个项目，崔向群依然接下了"令箭"，担任LAMOST项目总工程师，负责项目的立项和预研中的技术工作。

就这样，在王绶琯、苏定强等老一辈天文学家的引领下，崔向群、褚耀泉、苏洪钧、赵永恒、李国平等人成了LAMOST建设团队的中坚力量，带领这支队伍攻坚。

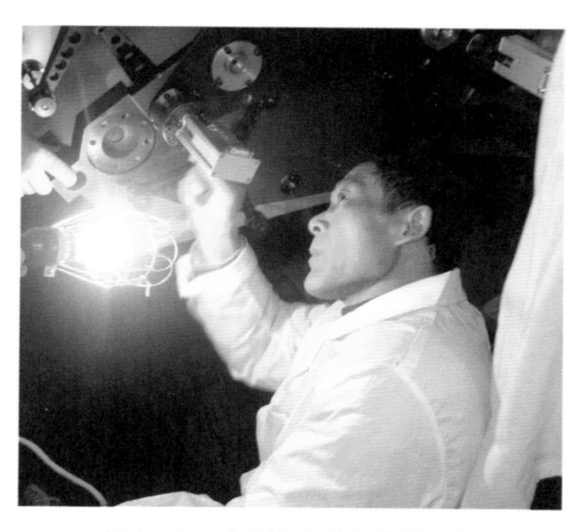

图4-10　凌庆洪在进行装调工作

LAMOST建设过程中，非常重视队伍建设，尤其重视团队协作精神。当时确定人选的原则是：第一，要有团队精神和合作精神，注重整体素质；第二，要尽量选年轻人，因为这个项目持续的时间很长。但是年轻人缺乏经验，所以当时就采取了类似篮球比赛中的"人盯人"战术，返聘了很多有责任感的老科研人员来帮扶年

图4-11　李国平和王跃飞正在装镜子

轻人。王绶琯院士和时任中国科学院基础局局长钱文藻提出，LAMOST研制过程中要培养出两支高水平的队伍，一支是天文技术研究队伍（研制望远镜仪器），一支是天体物理研究队伍（从事天体物理研究工作）。

在南京做主动光学试验的那几年，很多硕士生、博士生、年轻工程师几乎天天加班，夜以继日地工作。为了加快进度，团队成员常常加班加点。

2007年的春节，正赶上研发小系统，几十个人的建设团队没有一个人要求休息。原本预计2007年6月底之前小系统出光谱，结果5月底任务就完成了。

LAMOST能够研制成功，离不开整个团队的团结协作。从普通工人到领导班子，所有人都朝着一个目标努力。工人作为LAMOST最直接、最基层的建设者，克服种种困难，付出了极大的心血。安装LAMOST的MB机架的时候，正是严冬时节，中午时气温也只有零下10℃，连开水倒在铁板上都会很快结冰。机器冷得不能工作

图4-12　工人们在严寒中安装MB桁架结构

图4-13　工人们安装LAMOST部件

了，大家就用电热毯把机器包起来检测。就是在这种环境下，工人们为了保证进度，依然坚持露天工作。有一次天气预报要下雪，工人们当即决定要赶在下雪前把桁架吊上去。刚开始吊MB桁架，雪花就飘起来了，但工人们坚持冒雪工作，终于赶在下午5点前把架子吊了上去。因为天气预报说当天夜里要下大雪，就彻底无法施工了。因此，抢出来的一天，几乎等于抢出了半年工期。

**图4-14** 工作人员在一丝不苟地工作

整个建设队伍拧成一股绳，每个人都像上紧了的发条，将LAMOST的建设任务作为头等大事，不容有半点闪失。大家都以饱满的热情和高度的责任感投身其中，苦在其中，也乐在其中。

LAMOST进展到关键阶段时，每个人都全力以赴地工作，放弃了很多陪伴家人的时光。

## ⑤ 全力冲刺

2001年8月，LAMOST项目开工报告获国家批准，项目进入正式施工阶段。2004年6月，LAMOST观测楼在国家天文台兴隆观测站开工建设。中国科学院、科技部基础司、河北省科技厅、承德市政府、兴隆县政府、国家天文台和施工单位的有关领导，LAMOST项目管理委员会、科学技术委员会部分成员，以及项目工程指挥部主要成员参加了观测楼奠基仪式，一起见证这重要的历史时刻。

施工开始后，LAMOST团队一路跟进，建设者们努力追赶进度。燕山深处，“窥天利器”拔地而起，在苍翠的山脉中，这个洁

图4-15　LAMOST观测楼工程奠基现场

图4-16　LAMOST观测楼工程奠基仪式参加人员合影

**图4-17** LAMOST首件设备启运仪式

**图4-18** 首件设备启运仪式剪彩现场

图 4-19 LAMOST 首件大型设备（MA 机架 8 米转台）在兴隆吊装

白壮观的建筑显得格外耀眼。

2005年初，项目转入全面加工制造的阶段，随后开始了安装调试工作。

2005 年 5 月，LAMOST 地平式机架在南京完成机电初联调，经过对跟踪精度和指向重复定位精度的初步检测，各项指标均达到设计要求。这意味着LAMOST地平式机架已达到分拆启运前的要求，这是LAMOST研制过程中的又一里程碑。

2005年9月20日，LAMOST首件大型设备MA机架从南京天文光学技术研究所启运，这是LAMOST研制取得的阶段性成果。接着，组成LAMOST本体的反射施密特改正镜（MA）机架、球面主镜（MB）桁架和焦面机构的安装也在兴隆观测站顺利完成，各项指标均达到设计要求，至此，LAMOST项目全面进入现场安装调试阶段。2006年，整个项目又顺利进入光机电联调阶段。

2006年4月，3块对角径1.1米的六边形球面MB子镜在南京天文光学技术研究所拼接成功，这是LAMOST工程的一个重大进展。球面主镜的拼接是LAMOST关键技术的重要组成部分，也是使项目造价大为降低的关键之一。

紧接着，委托俄罗斯研制的40块MB子镜（其中包括3块备用子镜）全部通过验收。南京天文光学技术研究所承担并自行研制的30

图4-20　建设中的LAMOST圆顶室和观测室

图4-21　装调中的LAMOST

图4-22　MB桁架和支撑安装

图4-23　圆顶安装

块MA子镜（其中包括6块备用子镜）顺利通过验收。30块MA子镜面的技术指标均满足技术要求，这是LAMOST建设过程中一个具有重要意义的事件。

在最后的冲刺阶段，为了保证LAMOST整体项目建设顺利完成，LAMOST团队提出了“小系统”的建设思路。“小系统”由包括3米口径的镜面（通光口径近2米，拥有6块MA子镜和9块MB子镜）、250根光纤、一台光谱仪、两台CCD相机以及LAMOST完整的机架、跟踪和控制系统组成。小系统涉及望远镜各个组成部分的工作，相当于2米口径的LAMOST。由于LAMOST与常规望远镜不同，其望远镜的两大镜面不是由整块镜坯制造的，而是应用主动光学技术加拼接而成的，故与之相配的焦面仪器可每套独立工作，这样才能做到边装调、边出光谱。

2007年是LAMOST项目建设最紧张、最关键的一年，系统处于全面安装调试阶段。2007年2月，首批三块主镜子镜在兴隆观测站安装成功，这标志着LAMOST项目顺利进入光学装调阶段。

2007年5月28日凌晨3点，对中国天文学家而言，这是一个值得铭记的时刻——正在调试中的LAMOST喜获首条天体光谱，控制室内一片欢腾。随着调试的进展，小系统成功地得到了120

多条天体光谱。LAMOST开始出光谱，标志着项目各子系统（望远镜光学和主动光学、跟踪控制、光纤、光谱仪）已全部调通，并达到了设计要求的技术指标。

图4-24　崔向群（左三）等在俄罗斯验收40块MB子镜

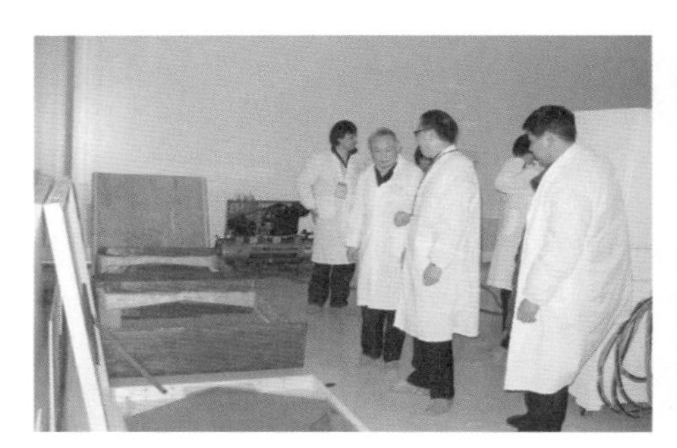

图4-25　30块MA子镜通过验收（左二为苏定强院士）

图4-26　小系统光学调试

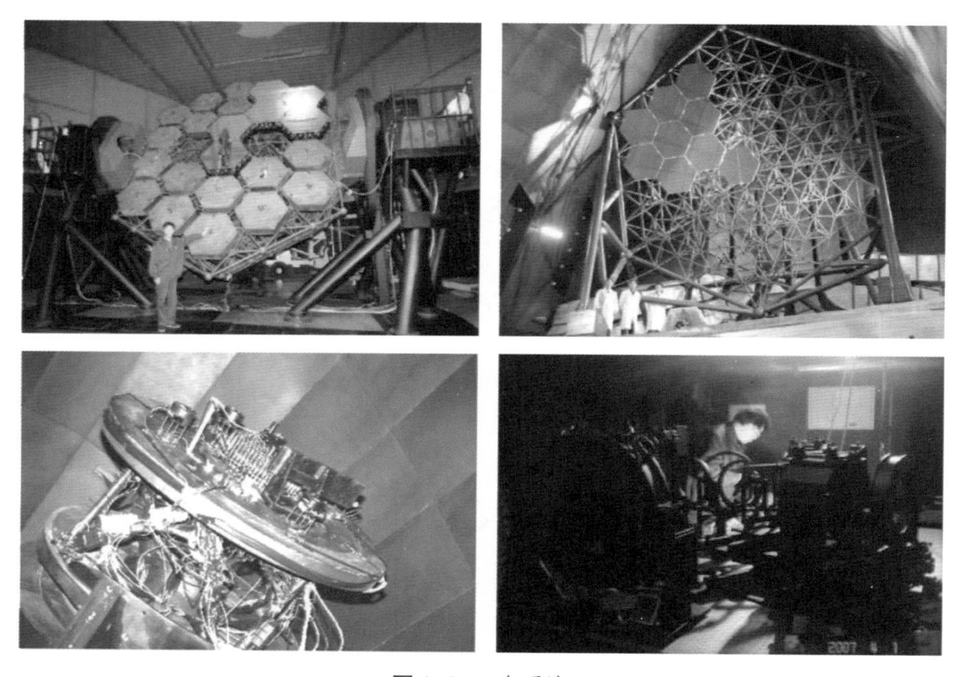

图4-27　小系统

图4-28　首批3块主镜子镜安装成功

小系统的研制成功证明项目总体方案是正确的，技术和工艺是可行的。同时，小系统的成功标志着项目建设所有关键技术难题已被攻克，为项目走向全面成功铺平了道路。

小系统初战告捷之后一年多时间里，LAMOST项目在小系统的基础上将两块大镜面的子镜数扩展至24块和37块，将光纤数扩展至4000根，将光谱仪数量扩展至16台，标志着LAMOST全面建成。

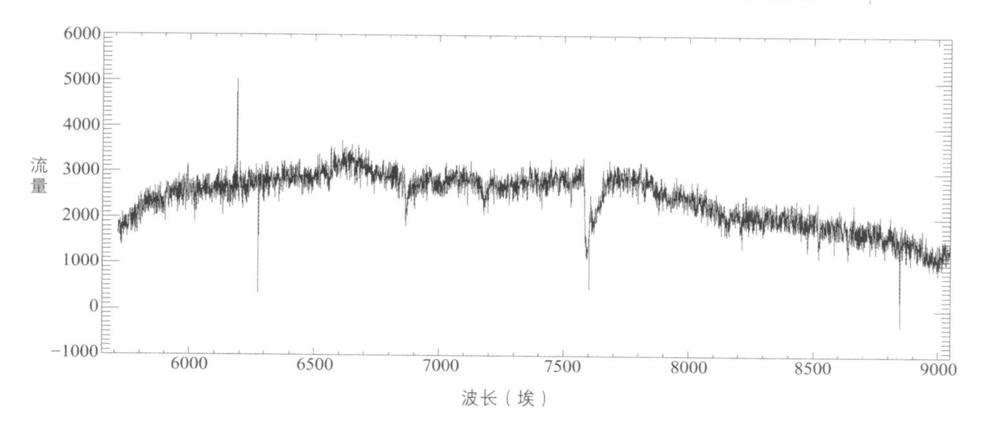


图4-29　LAMOST获得的首条光谱

图4-30　小系统验收会

扫码看视频

## ⑥ 芬芳吐蕊香满园

苦尽甘来秋满园，姹紫嫣红别样情！

至2007年底，LAMOST项目已安装超过半数的光学镜面和近半数的光谱仪，所有的加工制造都进入收尾阶段，这为最终完成LAMOST的建设任务并通过国家验收打下了坚实的基础。

2008年，LAMOST系统进入全面安装、调试和检测阶段。项目组全体人员克服重重困难，在2008年8月底如期完成了LAMOST全部硬件的安装，包括24块MA子镜、37块MB子镜、4000个光纤定位单元、4000根光纤、16台光谱仪、32台CCD相机。通过初步调试，单次观测可同时获得3000多条天体光谱。

深秋的河北兴隆，层林尽染，到处洋溢着丰收的喜悦。2008年10月16日，对于LAMOST而言，是一个具有特殊意义的日子。从20世纪90年代王绶琯、苏定强等人提出LAMOST方案，历经几

图4-31　LAMOST子镜拼接过半数

图4-32 MB完成镜面拼接

代建设者逾十年的艰苦努力，国家重大科学工程——LAMOST终于建成。这一天，LAMOST的落成典礼在国家天文台兴隆观测站隆重举行。

图4-33 MA子镜拼接完成

2009年6月，LAMOST圆满通过国家验收。LAMOST被评为"2008年中国十大科技进展"之一。

LAMOST是中国大天文望远镜发展史上的一座里程碑。它开创了一种新的望远镜类型（大视场兼大口径望远镜）；首次在世界上实现一块大镜面上同时采用薄镜面（可变形镜面）主动光学技术和拼接镜面主动光学技术；

图4-34 LAMOST落成典礼

图4-35 项目验收会

首次在世界上实现六边形的主动可变形镜面；首次在世界上实现一个光学系统中同时采用两块大口径的拼接镜面；首次在世界上应用4000根光纤的定位技术（当时国外同类设备上仅640根光纤）。LAMOST是目前我国最大的光学望远镜，也是国际上最大的大视场望远镜，将使人类观测天体光谱的数目提高一个数量级，使我国在大视场多目标光纤光谱观测方面处于国际领先地位。

2009年是天文望远镜发明400周年，这一年被联合国定为“国际天文年”。作为目前世界上光谱获取率最高的天文望远镜，LAMOST无疑在世界天文研究中扮演着十分重要的角色。从折射望远镜到反射望远镜，再到LAMOST，凝聚了太多天文学家和工程建设者的心血和付出。

LAMOST以其创新的概念、设计、技术和工艺，开创了我国高水平大型天文光学精密装置研制的先河。LAMOST的建成得到了国际天文界的高度评价，我国大视场多目标光纤光谱的观测设备的国际领先地位得到了承认，而且建设LAMOST也使我国的望远镜研制技术实现了跨越式发展，显著提升了我国在该领域的自主创新能力。

LAMOST不仅是中国的，也是世界的。很多外国同行对LAMOST项目具有深厚感情，令人感动和振奋。LAMOST的技术顾问亚丁·梅内尔（Aden Meinel）是美国基特峰天文台第一任台长、

图4-36　LAMOST验收会与会人员合影

图4-37　落成典礼时的LAMOST

图4-38　LAMOST国际评估专家

美国亚历山大大学光学科学研究中心创始人。他是国际著名的天文学家和望远镜专家。LAMOST验收时他已经80多岁，不方便前来，还特意嘱咐他的女儿代表他参加了LAMOST落成典礼。他说：“我要是年轻一点，一定会在兴隆与你们一起经历建成这架新概念望远镜的令人激动的时刻。”

被称为“主动光学之父”的欧洲南方天文台望远镜专家雷·威尔逊，因为腿不方便没能参加LAMOST落成典礼，他的夫人代他前来致辞。他在致辞中说：“LAMOST不仅开创了将大视场望远镜做得很大的可能性，而且对主动光学做了最先进、最雄心勃勃的应用。LAMOST涵盖了最先进的现代望远镜技术的每一个方面。”

前英国剑桥大学天文研究所所长，美国加州理工学院技术研究所天文学部教授、光学天文台台长理查德·埃利斯（Richard Ellis）说：“光谱是天文研究中最重要的一个方面。过去的5年中，许多成像巡天望远镜开始投入使用，我们不断地意识到我们需要更多的光谱信息才能深入研究天体。现在中国天文界在大视场光谱巡天方面占据了强有力的位置，国际天文同行很羡慕中国可以充分利用这些新的光谱巡天观测结果。”

雷·威尔逊

理查德·埃利斯

**图4-39** 两位国际知名天文学家

## ⑦ 扬帆起航新征程

落成典礼之后，LAMOST开始了两年的试观测期，承载了无数期待的LAMOST不断完善，逐步成熟，走向广阔的应用领域。

2010年4月17日，考虑到科普工作的需要，LAMOST被冠名为“郭守敬望远镜”，时任中共中央政治局委员、国务委员刘延东出席了冠名仪式，并为“郭守敬望远镜”揭牌。她高度肯定了LAMOST已取得的成就，并指出用“郭守敬”命名LAMOST，不仅可以使我们现代人和后人铭记中国古代天文研究史上曾经有过的辉煌，更能激励当代的天文科技工作者奋起直追，勇攀世界天文研究的高峰。她还指出，让这样一个国家级、世界级的研究装置能够更好地运行，是为国家天文事业的发展做贡献。

扫码看视频

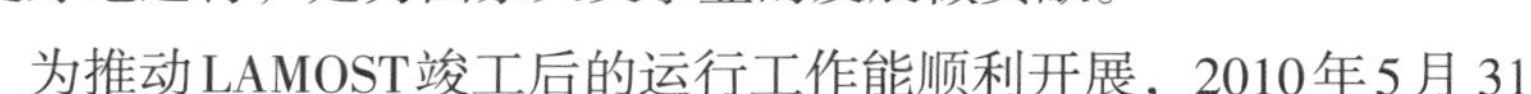

为推动LAMOST竣工后的运行工作能顺利开展，2010年5月31日，国家天文台成立了LAMOST运行和发展中心［后更名为“郭守敬望远镜（LAMOST）运行和发展中心”］，下设观测运行部、技术维护与发展部、巡天与数据部和办公室。2011年5月，LAMOST光纤定位取得了新的突破性进展，达到了第一期光谱巡天观测的要求。

图4-40　郭守敬铜像

2011年10月，LAMOST启动先导巡天，并于2012年6月结束。2012年9月，LAMOST进入为期五年的正式巡天阶段，于2013年6月圆满完成了LAMOST第一年正式巡天的观

**图4-41** LAMOST与银河

测。2013年9月，LAMOST正式巡天第二年观测启动，2014年6月完成第二年观测。2014年12月，LAMOST第二年的光谱数据集对国内用户和国外合作者发布。2015年3月，LAMOST向全世界公开发布首批巡天光谱数据。2015年6月，LAMOST完成第三年的观测，于2015年12月15日向国内天文学家和国际合作者发布了第三年的光谱数据。LAMOST源源不断的数据产出受到国际天文学界的赞叹和高度重视。

目前，LAMOST正在稳步开展光谱巡天任务，截止到2015年5月底，已经获取了575万条光谱数据，成为全世界光谱获取率最高的望远镜，并取得了一系列卓有成效的科研成果。例如，利用LAMOST和HST望远镜发现了一颗新的成对的活动星系核；利用LAMOST前两年的巡天数据发现了银晕中的新移动星群；挖掘出128颗白矮—主序双星；发现了300余颗白矮星；发现了一颗距离地球最近的超高速星；发现了贫金属星的新成员；发现了多颗类星体；发现了距离太阳最近的高速星/超高速星样本；实现了K型巨星的证认和参数估计；发现了银河系中FGK型星双星比例与恒星有效温度和丰度相关，等相关科研成果。

科学家利用LAMOST数据大样本的优势，取得的一些成果直接向传统理论发出了挑战，甚至颠覆了一些沿用多年的“权威理论”。例如，发现银河系盘星的新运动模式并非曾经普遍认为的简单圆周运动；利用LAMOST数据精确测量了太阳的本征速度，改正了之前低估近二分之一的速度。天文学家希望利用这些发现，对银河系进行更深入的研究。这一系列的研究成果彰显了LAMOST数据在天文科学研究中的价值和意义。随着LAMOST巡天计划的有序开展，人们对银河系的认知将提高到前所未有的高度，进而对宇宙的形成和演化有更加深刻的认识。

正所谓“千淘万漉虽辛苦，吹尽狂沙始到金”。

# 第五章 大车间与生产线

项目验收之后，为了保证运行和科学试观测的顺利开展，2010年5月31日，中国科学院国家天文台成立了LAMOST运行和发展中心，目前下设观测运行部、科学巡天部、数据处理部、技术维护与发展部和中心办公室。LAMOST数据产品的获取过程如同大车间的生产线，各部门各司其职，团结协作，共同将巡天获取的海量光谱数据精心加工成用户所需的数据成品公开发布。LAMOST数据产品的生产过程是怎样的呢？各个环节的工序又是如何完成的？本章将着重介绍LAMOST数据产品的生产过程。

LAMOST 全天相机拍摄的天空图像：LAMOST 的全天相机可以全天候为观测值班人员提供连续可靠的天空画面，并呈现于观测控制室的大屏幕上，为 LAMOST 望远镜的高效运行提供可靠的保障。

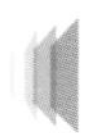

LAMOST 光谱数据的观测计划制订、巡天观测、原始数据的传输、数据的处理加工及数据成品的发布，就好比瓶装水的生产过程。

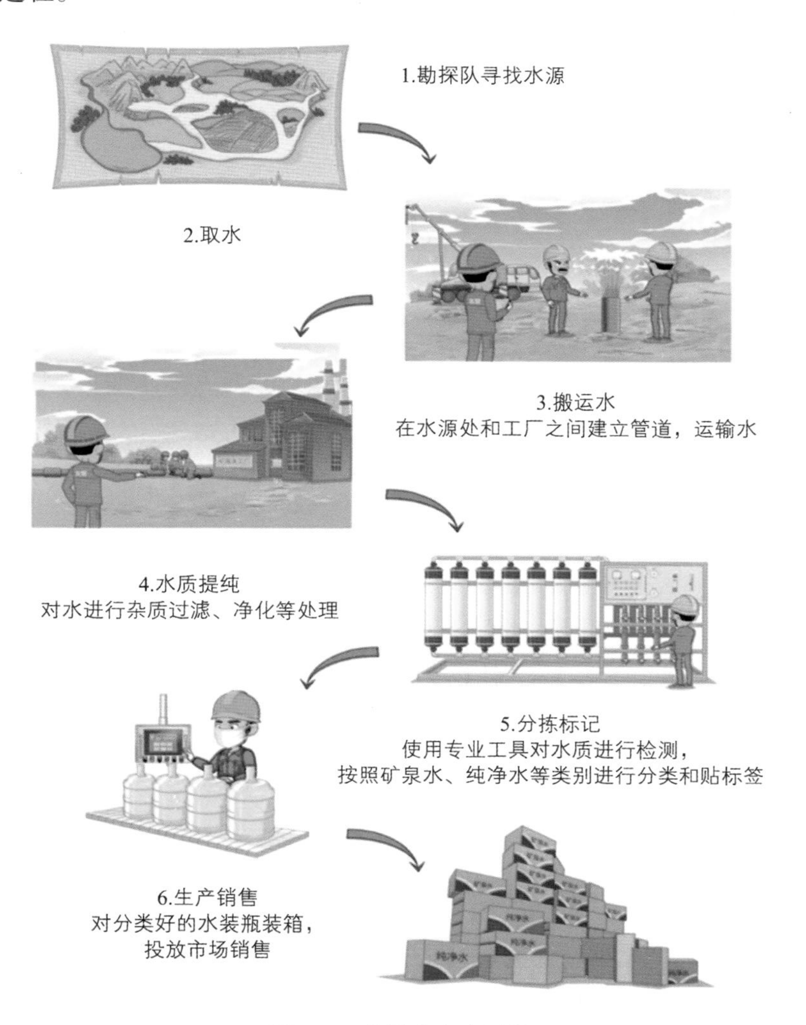


**图 5-1** 饮用水生产过程

## ① 扫描大天区

LAMOST整个观测过程就像是在广阔大地上勘探水资源。对于LAMOST来说，它要“勘探”的是美丽的星空，计划在若干年内对2万平方度的星空全部勘探一遍。我们可以通过科学家提供的星表来获得每一块星空的基本情况，比如这些天区内天体的位置、亮度、分布密度等。这些海量信息会被放在一个数据库里，这个数据库像是一个庞大而有序的档案室，里面记载了上亿天体的原始信息。

图5-2　勘探水资源

LAMOST的视场是5度，也就是说一次可以观测5度视场内的星空。一个满月角直径约为0.5度，所以5度视场相当于可以一次观测100个月亮加在一起那么大的天区。比在一个点位勘探水源更为复杂的是，LAMOST的焦面板上放置了4000根光纤，每根光纤接收一个天体的光，可以一次同时获得4000个天体的光谱。望远镜每进行一次观测需要的时间大约为1—2个小时，但每天的天气条件不同，所以观测次数也不同，平均每天进行3—5次，也就是观测3—5个天区，这样一天观测天体的数目就会在1万个以上。对于如此巨量的观测目标，不可能手工决定哪个光纤对应哪颗星，所以必须借助LAMOST科学巡天部研发出来的自动化智能帮手——巡天战略系统（Survey Strategy System，简称SSS）来实现全自动的观测计划，安排每天的观测区域及具体要观测的天体。由于望远镜巡天观测扫描天区面积大，持续时间长（若干年），所以观测计划如果制订得好，将会使望远镜可观测天区都被观测到，还能提高观测效率，缩短观测周期，即在短时间内就能达到计划要求。所以，短期而言，SSS担负着成功安排观测目标星的任务，长远来说，它也担负着保证高效观测的责任和使命。

不同于其他勘探工作，LAMOST的勘探工作主要是在晚上进行，因为白天强烈的太阳光掩盖了其他所有天体的光芒，只有在晚上，繁星璀璨的光芒才会闪耀夜空，望远镜才能捕捉到那片片星海。每个夜晚来临时，望远镜该“看”向哪片天空，4000个光纤该对准哪些天体呢？这是超级智能帮手SSS的任务，它将提供每个观测夜的观测天区和观测天体，从上千万个输入星表中选出每一次观测所需要的4000个天体。

LAMOST的观测和勘探水源类似，而SSS就肩负着选择勘探地址，也就是观测天区的重任。

勘探地址的选择会受很多因素的影响，那么哪些区域会被优先安排勘探呢？要回答这个问题，首先要了解勘探会受哪些客观和主观因素的制约，以及这些因素的产生原因、作用方式和对勘探的影响。对于LAMOST来说，影响观测计划的因素主要有两个方面，一是在观测前可以预先知道的，包括天文观测的基本规律（如某天的月相情况）和望远镜的特征等；二是不可预知的，与望远镜的观测过程相关，可能会随着观测过程而变化（如某天的天气情况）。影响LAMOST观测的因素主要有可观测时间、月光、望远镜自我检测状态、观测目标天体的亮度及优先级等。

观测前，先要在太阳位于地平18°以下的时间段进行，这样可以有效避开太阳光的影响。其次，要考虑望远镜能看到的天区。LAMOST位于北半球，看不到南半球的星空，这也限定了LAMOST每夜能观测的区域。

除了要避开太阳，还要避开皎洁的月光。为什么呢？这里需要引入一个名词：月相。随着月亮每天在星空中自西向东移动一段距离，地球上看到月球被太阳照亮部分的形状也在不断地变化着，这就是月亮的位相变化。月相更替的平均周期大约为一个月。每个月的农历初八到二十二，月光比较亮，称为大月夜，其余是小月夜。在大月夜，月光较亮，望远镜只能观测比较亮的那些星星，而小月夜时通常可以观测比较暗的天体。月出与月落时间以及月亮在天空中的位置都可以通过计算预先得到。为使观测不受月光影响，观测的区域要与月亮保持一定的距离。

除了客观自然条件，望远镜也受自身条件的限制。比如，LAMOST是卧式的中星仪式结构，只能观测中天附近的天区，这样在任何一个时刻开始观测时，望远镜指向的赤经位置只能在中天附近的一个小区域内选择，也就是说望远镜中心指向位置会受观测开始时间的影响。为了检测LAMOST的主动光学系统的精度，在焦面中心安装了检测装置，确保在望远镜视场中心有一颗足够亮的“中央星”。天空中亮星数目少，这种亮星的位置和数目会影响巡天观测的位置和定位精度。LAMOST焦面上4个固定的位置上安装了4个导星CCD相机，可以对亮星成像进行望远镜定位和跟踪。通常来说，观测时先根据中央星的位置直接控制望远镜指向，然后通过导星CCD拍4颗比较亮的星的图像。因为这些亮星在天球上的坐标都是已知的，所以可以通过分析图像上的位置，精确计算望远镜的当前指向，然后根据分析结果对望远镜进行微调。这些亮星的位置和数量也会影响望远镜的观测位置精度。

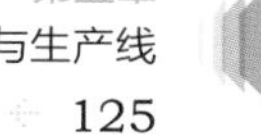

LAMOST的观测受天气影响，所以科学家会事先选一些候选天区，以备不同天气情况所需。如果遇到大风大雨的极端天气，就完全无法观测了，只能放弃当天的观测计划。

在观测中，科学家就像是指挥官，他们知道哪些星更有研究价值，会把它们的优先级定得较高，这些星就会被优先观测。

另外，焦面板上安置了4000根光纤，每根光纤配有两个回转自由的定位系统，这个定位系统像手臂，可以使光纤在某一个圆周内随意运动。这些圆周有相互重叠的区域，如果在同样的优先级下，一般要看哪颗星的坐标离光纤中心近，哪颗近就优先观测哪一颗。这样做，既减少了光纤的移动，又避免了光纤之间的相互碰撞。

对于LAMOST来说，观测时间长达若干年，科学有效地安排观测至关重要。一般在每次观测时，会有多个天区都符合观测条件，那么，选择哪个天区进行观测会有利于缩短整个大天区扫描的周期呢？LAMOST的“勘探队”经过多次分析模拟，找出了最优扫描方法，即在制订观测计划时，先对当时的客观观测条件进行分析，从而选出适合的观测天区，然后在初步选出的天区中优先选择那些天体密度最大的天区，同时尽量在选目标星时使剩下的未观测目标在空间上均匀分布，这样能缩短观测周期，提高大天区扫描的效率。

在科技发达的今天，大型工程一般都依靠计算机软件来操控和管理，LAMOST也不例外。LAMOST的“勘探队”设计建造了一个高效智能的巡天战略软件系统SSS，这个智能系统极大地提高了制订观测计划的效率。在LAMOST先导巡天和正式巡天的过程中，科学家及其他相关部门不断对SSS提出性能需求建议。同时，SSS自身为了制订每日观测计划及查阅便利，也需要不断改进完善。经过不断的修改测试，现在的SSS已经开发得非常完善，可以批处理得到一天的观测计划，也能生成方便查看的文件。为了方便科学家们使用，SSS还开发了一些智能应用，科学家们，包括那些对数据库操作不熟练的人员，可以利用这些便捷小工具很方便地查阅观测候选天区及星表信息。

SSS程序主界面如图5-3所示，每一个按钮都对应相应功能。其中“PRO-ONE-DAY”是产生每日观测计划的按钮。点开按钮，选择日期后，程序能自动选择这一晚上可观测候选天区，运行程序后就能生成一天的观测计划。一般情况下，每隔一个小时就会选择一个中心指向，每个中心会做不同星等范围的观测计划，以供不同天气情况选择。图5-4是每天观测计划在天球上的分布，很直观地显示了候选天区数量、星等范围和在天球上的位置。图5-5是每晚观测计划的天区列表，从中可以看到天区名、中央星坐标、星等范围、天区离月亮距离等信息，这些参考信息能让观测运行部更加便利地选择天区。每天的观测计划会提前按时打包上传，以保障观测顺利进行。

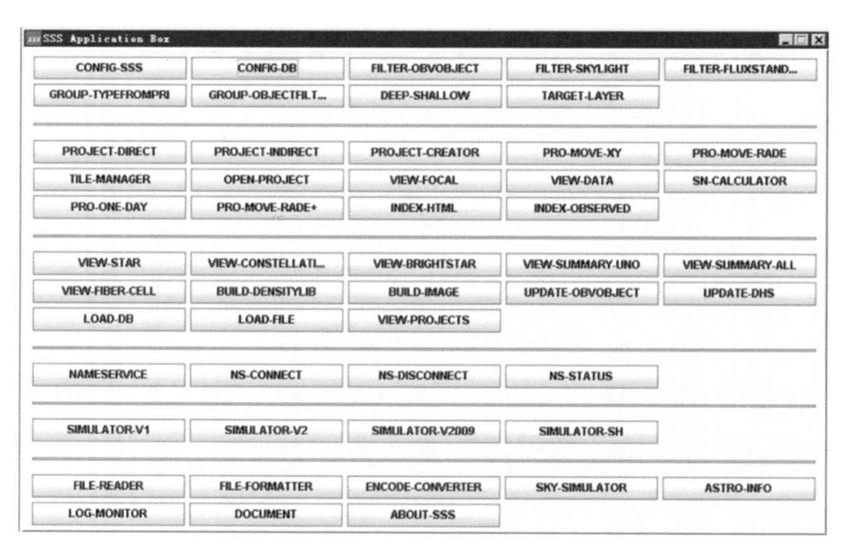


**图5-3** SSS主界面

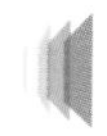

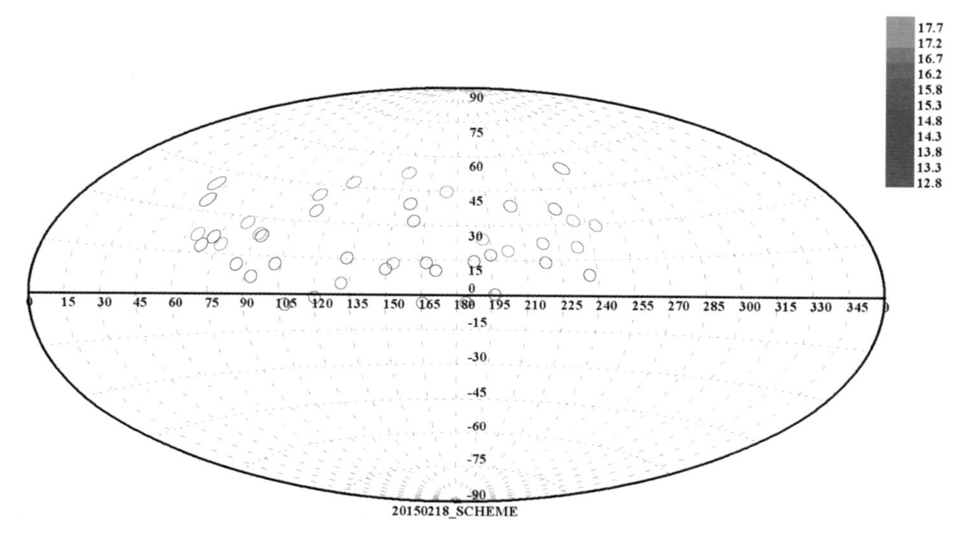


图5-4　每晚观测候选天区在天球赤道坐标系中的分布示例

| ProID | Date | Time (GMT+8:00) | SkyID | C_RA | C_DEC | C_Mag | Image | GuideStar | M_Dist (Deg) | SkyMag |
|---|---|---|---|---|---|---|---|---|---|---|
| 1391606941080 | 20140209 | 175513.9 | EG030152N052010B01 | 45.467933333 | 5.336149389 | 6.26 | img | 13.56~15.82 | 36 | 18.73 |
| 1391606808220 | 20140209 | 175513.9 | EG030152N052010M01 | 45.467933333 | 5.336149389 | 6.26 | img | 13.56~15.82 | 36 | 18.73 |
| 1391607060392 | 20140209 | 175513.9 | EG030152N052010V01 | 45.467933333 | 5.336149389 | 6.26 | img | 13.56~15.82 | 36 | 18.73 |
| 1391607565564 | 20140209 | 185707.3 | EG040358S060306B01 | 60.994537958 | -6.051837583 | 7.82 | img | 13.67~14.85 | 31 | 18.45 |
| 1391607440892 | 20140209 | 185707.3 | EG040358S060306M01 | 60.994537958 | -6.051837583 | 7.82 | img | 13.67~14.85 | 31 | 18.45 |
| 1391607736752 | 20140209 | 185707.3 | EG040358S060306V01 | 60.994537958 | -6.051837583 | 7.82 | img | 13.67~14.85 | 31 | 18.45 |
| 1391745804611 | 20140209 | 182826.1 | GAC053N32B1 | 53.755006 | 32.016771 | 6.66 | img | 13.85~15.22 | 26 | 18.62 |
| 1391745746705 | 20140209 | 190829.2 | GAC063N29B1 | 63.79331 | 29.902056 | 7.11 | img | 13.29~14.88 | 18 | 18.31 |
| 1391744166548 | 20140209 | 191426.6 | GAC065N50V1 | 65.239631 | 50.254854 | 7.13 | img | 12.6~13.68 | 33 | 18.80 |
| 1391744224095 | 20140209 | 191426.6 | GAC065N50V2 | 65.239631 | 50.254854 | 7.13 | img | 12.6~13.68 | 33 | 18.80 |
| 1391744302220 | 20140209 | 191426.6 | GAC065N50V3 | 65.239631 | 50.254854 | 7.13 | img | 12.6~13.68 | 33 | 18.80 |
| 1391744389892 | 20140209 | 191426.6 | GAC065N50V4 | 65.239631 | 50.254854 | 7.13 | img | 12.6~13.68 | 33 | 18.80 |
| 1391745859080 | 20140209 | 195940.7 | GAC076N58V1 | 76.53522 | 58.972372 | 5.22 | img | 14.24~14.9 | 40 | 18.92 |
| 1391745969236 | 20140209 | 195940.7 | GAC076N58V2 | 76.53522 | 58.972372 | 5.22 | img | 14.24~14.9 | 40 | 18.92 |
| 1391746069673 | 20140209 | 195940.7 | GAC076N58V3 | 76.53522 | 58.972372 | 5.22 | img | 14.24~14.9 | 40 | 18.92 |
| 1391744661627 | 20140209 | 211508.5 | GAC095N44V1 | 95.505425 | 44.058515 | 6.88 | img | 12.53~14.92 | 28 | 18.63 |
| 1391744759642 | 20140209 | 211508.5 | GAC095N44V2 | 95.505425 | 44.058515 | 6.88 | img | 12.53~14.92 | 28 | 18.63 |

图5-5　每晚观测天区信息示例

SSS负责提供合适的“水源”地址信息，也就是提供每晚可以勘探的天区信息。具体执行勘探的就是“采水队”了，他们每晚奋战在一线，根据天气情况，利用LAMOST这个超级工具，发现来自宇宙深空的奥秘。

## ② 天体的“户口普查”

从时间上来说，我们的宇宙已经存在了138亿年，而人类历史则相当短暂；从空间上来看，相对于广袤无垠的宇宙，人类的活动空间只能说是沧海一粟。人类的伟大之处在于，以我们每个个体的有限生命，相互合作、代代传承，来探索无限的宇宙。

LAMOST观测运行部主要负责LAMOST的夜间观测工作。观测运行部的工作人员常常在夜幕降临时利用望远镜进行天体目标光谱的获取，并将这些原始数据传送到北京的数据中心。LAMOST夜间观测人员常常昼夜颠倒，非常辛苦。然而，每当观测结束，收获了上万条光谱，在晨光中走出LAMOST控制室时，那种疲惫中带有收获的感觉也是非常令人踏实和惬意的。在每一个寂静晴好的夜晚，LAMOST的工作人员会有怎样的经历呢?

实际上观测人员从傍晚就开始工作了，他们负责检查当日的观测计划、拍摄平场和灯谱等准备工作。如有问题，大家会及时

图5-6　采水成功

图5-7　LAMOST观测控制室大屏幕

与相关人员沟通解决。平场和灯谱的拍摄由观测助手进行。每天傍晚，观测助手一般会拍摄三次灯谱，同时检查CCD数据采集是否正常工作。LAMOST采用的是天光平场，需要在日落后或日出前拍摄。在拍摄平场之前，值班人员和观测助手要确认天气状况良好，才能打开圆顶拍摄。LAMOST的特点是大视场和大口径，平场的作用是确定4000根光纤的光谱在CCD相机上所处的位置，并确定4000根光纤之间的相对效率差异。灯谱则是用来做波长定标。遇到傍晚天气不好，而夜里天气又变好的情况，就需要在早上补拍平场，所以观测助手常常要在第二天早上太阳升起后才能离开控制室和圆顶。

由于冬季夜间时间长，以冬至这一天为例，从天文昏影终到天文晨光始有12个小时之多。所以在天气晴好的冬天，一天的工作时间要多于12小时。LAMOST的观测季一般开始于每年秋天的9月份，持续到下一年的6月初。兴隆地区的天气特点是春天多风沙，夏季多雨且湿度大，秋天天气变化大，冬天干燥寒冷。因此，7—8月可观测时间最少，是LAMOST的仪器维护季；冬季夜间可观测时间长，再加上晴天多，是LAMOST的黄金观测季。

从观测地的大气条件来说，不同夜晚观测条件有好有坏，这可以用大气透明度和视宁度来描述。大气透明度即地球大气可见光的透过性，是透过光与入射光的比值。影响大气透明度的主要因素是空气中水汽、尘埃成分的多少。视宁度是描述地球大气湍流运动对观测的影响，比如原本是一个点的目标像一个散开的光斑，所以视宁度一般用一个理想点源被展宽之后有多大来描述，例如视宁度为1角秒、2角秒等。除此之外，影响较大的还有月球。从月相上来看，可以将观测夜分为无月夜、灰月夜和亮月夜。在月明星稀的夜晚，天光背景较亮，我们只能观测一些较亮的目标。

除每天的大气状况有所不同之外，不同亮度的目标也要分开观测。以曝光20分钟为例，一个18等目标可能信噪比还不达标，但一个9等星在CCD图像上已接近饱和，CCD上的电子会溢出污染到附近光纤的光谱中，我们称之为光纤之间的交叉干扰（cross-talk）。

为了更有效地利用不同条件下的观测时间以及避免光纤之间的交叉干扰，LAMOST将观测目标划分为超亮源视场（VB）、亮源视场（B）、中等亮度源视场（M）和暗源视场（F）。目前规定超亮源为星等9—14等的目标（这里所说的星等为SDSS的r波段星等，有效波长为617纳米），亮源星等为14—16.5等，中等亮度目标为16.5—17.8等，暗源星等为17.8—18.5等。因为暗源需要在非常好的天气条件下观测，而这样的天数很少，所以目前暗源视场观测的数量很少。较少观测暗源也是为了更多地观测中等亮度的目标，以达到一定的巡天覆盖面积和统计完备性。

下面介绍一个实际观测。天文值班人员根据现场的天气状况，包括大气透明度、视宁度、月相等选择适合观测的目标。如果是无月夜，且大气透明度、视宁度都很好，就可以观测中等亮度目标；如果接近满月，又或者是无月夜但大气透明度不好，就需要选取超亮源或亮源进行观测。如果选择不当，可能会浪费观测时间。如果天气不太好，但观测了中等亮度的目标，这种情况

下即使曝光再长时间，光谱质量也不会达标；但如果天气条件很好，可以观测中等亮度的目标，却观测了亮源或者超亮源，这也是一种浪费。天气非常好的观测夜非常宝贵，所以在现场观测这一环节中，天文值班和观测助手等人员的经验显得尤为重要，能使不同天气状况下的观测时间都被合理有效地利用，从而使LAMOST的观测效率达到最高。

LAMOST的结构设计决定了它只能观测中天前后两小时的目标，在某一时间，也会同时有多个观测视场可供选择。这时，天文值班人员根据天气状况确定某一亮度的观测视场，如超亮源、亮源或中等亮度视场后，最适合观测的视场有最大的优先级。天区的可观测时间要充足，视场里的中央星和引导星要满足当前的天气状况，因为亮的中央星和引导星也能减少望远镜的调试时间。当然，在适应天气状况的前提下，最高的优先级仍是科学需要，如果某一视场或该视场内的目标在科学研究上优先级高，这个天区就要优先观测。

天文值班员将观测视场选定后，观测助手要根据中央星的坐标位置调整望远镜指向。望远镜指向预定位置后，会进行共焦操作，就是要调整LAMOST的改正镜MA、球面主镜MB和焦面，使焦面上的星像达到完美汇聚。望远镜指向目标并稳定跟踪之后，一般要连续曝光三次。有时天气或仪器状况异常，天文值班员可依据具体情况调整曝光时间和次数，以达到科学研究的数据质量要求为准，从而使LAMOST有效运行。每次曝光结束后，天文值班员将对观测数据进行初步质量检查和评估。如果观测数据质量不达标，就要及时调整、补救。如果有突发状况，要及时解决。突发状况有多种，例如，CCD图像丢失或严重杂散光等。随着LAMOST的正常运行，突发状况越来越少。一般每个视场要曝光三次，多次曝光一方面增加了信噪比，另一方面也方便宇宙线的去除。一个天区观测结束后，现场工作人员又要紧张地投入下一

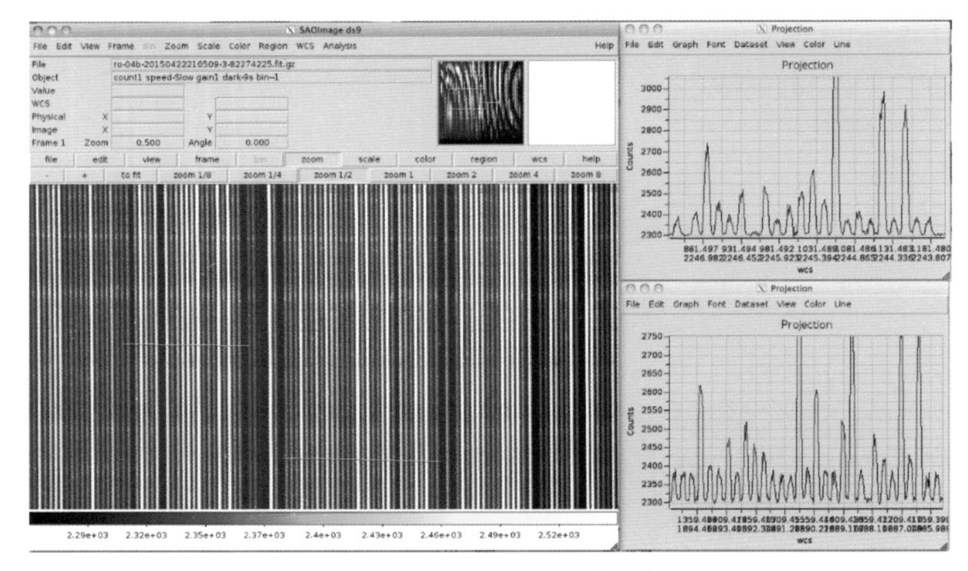


图5-8　LAMOST观测光谱图像

右侧为左侧图中绿线部分的信号强弱，观测人员可据此判断观测数据的质量。

个天区的共焦、跟踪、曝光操作了。

天文观测是典型的“靠天吃饭”类工作。天气好时，工作人员紧张而有序地工作，努力不浪费任何观测时间。天气晴好的夜晚，每晚能观测数个天区，获取上万条光谱。具体观测的天区数目除了与天气状况有关，也依赖于观测目标的亮度。天气不好时，工作人员只能望天兴叹，无能为力。天文值班人员在观测的整个夜晚，除了要检查每一幅图像外，还要监测室外天气变化情况，如遇到风速突然变大，超过10米/秒；或湿度增加，超过90%；或温度与露点温度之差小于3度，都要立即停止观测，关闭圆顶。在繁星满天的夜晚，控制室里的天文值班人员会把观测目标、曝光时间、天气状况等内容写入观测日志。

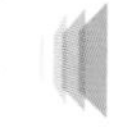

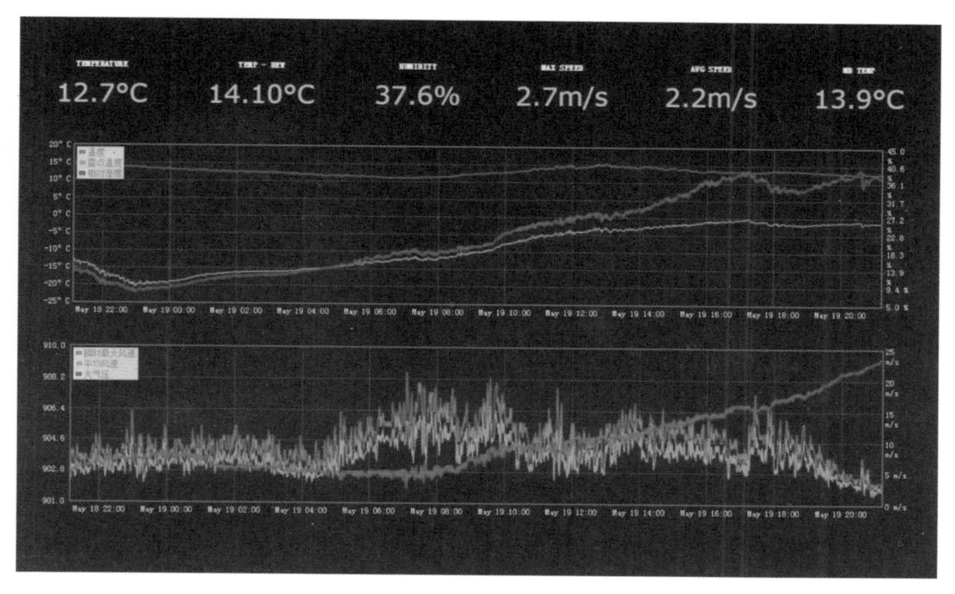


图5-9　室外温度、湿度、风速变化情况显示

图5-10　全天相机图像

随着各类技术的发展，现在已经有了一些辅助观测仪器，如DIMM、粉尘仪、风速仪、全天相机等，这些设备负责监视天气的实时变化，为天文值班人员提供参考。现在的天文值班人员已经不像以前一样，要不断跑到室外查看天气变化，辅助观测设备连接到控制室内的大屏幕上，室外天气变化便一目了然。当然，最基本和最可信赖的还是人的眼睛，现在天文值班人员仍然要到室外查看天气变化，只是不像从前那样频繁而已。

当曙光悄悄来临，整个夜晚观测结束，观测助手要整理好当天的观测日志，做好观测仪器的复位和相关安全工作，并将原始数据传回在北京的服务器。天文值班人员在相应的文档、网页中记录仪器硬件、软件状态，这样白天工作人员上班后，直接翻阅记录即可了解仪器的状况。

LAMOST能同时获得4000条光谱，是目前世界上光谱获取率最高的望远镜。从2011年10月先导巡天开始，到2015年5月底，共观测了2699个天区，获取质量达标的光谱575万条，形成了目前世界上最大的恒星光谱库。这是天文工作者无数个夜晚辛勤劳动的成果，当然也是所有天文学家、LAMOST建设者和运行者共同的工作成果。

感谢美丽的夜空，带给我们无尽的想象。

## ③ 分析多目标

当采到的水源运输到水处理工厂后，如果要获得水源地的信息并且把水变成能用于生活的水，就需要水处理工厂对水进行一系列的加工处理。LAMOST数据处理部就是这样一个“工厂”，需要处理的“水”就是采集到的星光信息，经过处理后，这些星光能变成含有丰富物理化学信息的光谱，为科学研究所用。这些光谱对于科研人员了解各个天体的性质和运动起着重要作用。

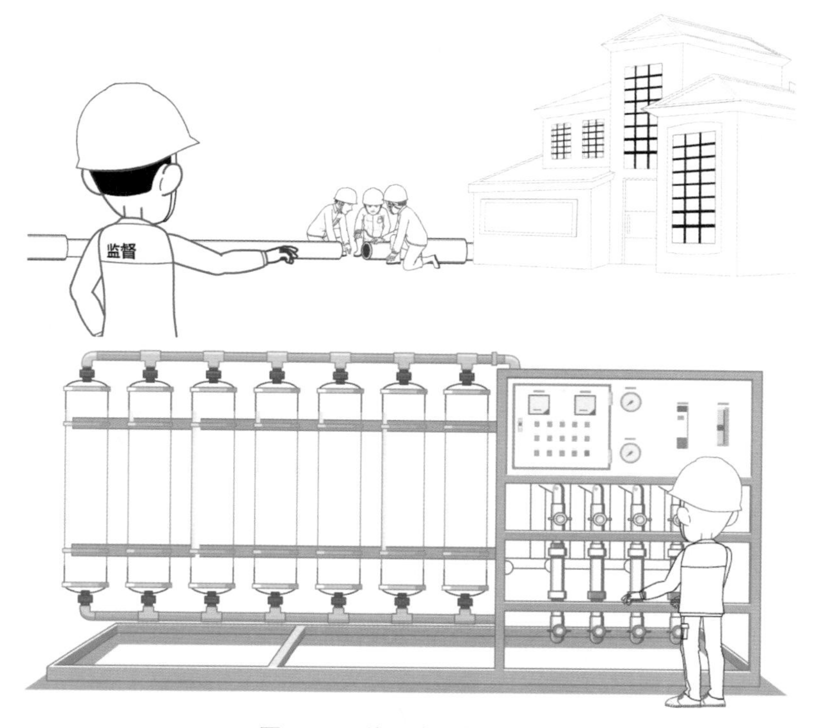


**图5-11** 饮用水的加工处理

对于LAMOST来说，4000根光纤收集到的星光经过准直镜、分光镜、光栅等分光装置，最终成像在CCD相机中。天体光谱在CCD上的像是二维图像，CCD上不同像素的读数与这个像素接收到的光子数相关，接收到的光子数越多，像素读数就越大。天体的光谱在到达CCD相机之前会受到很多因素的干扰。光在通过地球大气的过程中，会混入大气散射的太阳光、月光、其他天体发出的光以及来自大气层的光（最典型的大气发光是在地球两极看到的极光），还会混入周围的城市、村庄、房屋等的灯光，一些波长的光子还会被大气吸收掉。在到达望远镜后，望远镜系统对不同波长的光子的传输效率不同，而且对不同方向光束的传输效率也不同，因此由望远镜直接得到的观测图像就好像是隔着面纱在观察事物。我们的处理“工厂”就要对这些光谱进行除杂和标准化处理，即把CCD上拍到的“照片”经过一系列处理转换成含有丰富天体信息的光谱。

水处理工厂需要对采集到的水进行除杂净化，变成人们能利用的水。LAMOST的数据处理过程与水处理过程类似，不过比水处理程序复杂多了，因为科研人员还需要经过一套标准化的流程后，才能得到每颗星的“纯粹”光谱。LAMOST共有4000根光纤，每块CCD接收250根光纤传来的“照片”。科研人员观测得到的是CCD上的二维图像，横坐标对应的是光纤在空间方向的排列，纵坐标对应的是波长的排列。每根光纤的光色散之后在CCD上呈带状分布，我们称之为二维光谱。二维图像的形状如图5-12所示，图中一条白色的带对应一条光纤，从左至右对应不同的光纤，从上至下是不同的波长。

图5-12　CCD二维图像示例

直观地从CCD图像上是看不出任何有用的信息的，还需要把这些采集到的信息进行标准化处理才能得到可用于研究的光谱。一张CCD图像包含了250根光纤的信息，要从抽象的二维图像中得到含有丰富物理信息的天体光谱，需要经过一系列复杂的标准化除杂处理。这些过程包括获取简单一维光谱、确定每个像素对应的波长、修正不同光纤的效率、去除光谱中的杂质，最后把观测到的信息还原成天体本身的光谱信息。图5-13是一个处理完的示例光谱，横坐标是波长，纵坐标是相对流量。每观测一次，再经过处理后，每一

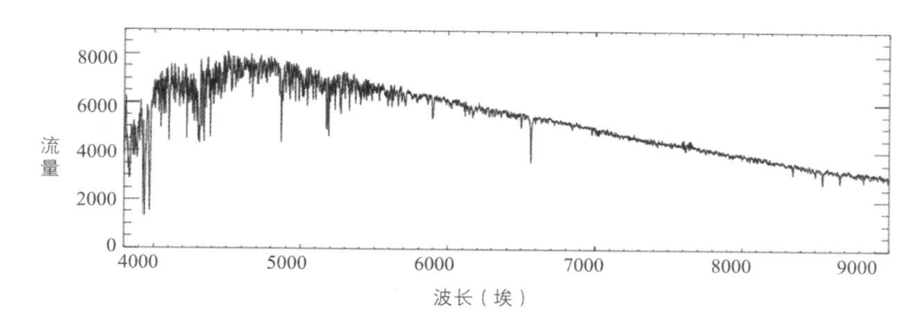


**图5-13** 处理后得到的天体光谱

根光纤都能得到一条类似于图5-13的光谱。

在获得CCD图像后，首先要进行标准化处理，即分别把每根光纤同一波长处的流量提取出来，然后将不同波长处的流量组成一个初始一维光谱。每根光纤在同一波长处占据十几个像素，最简单的方法是把这些像素的流量直接相加以获取光纤同一波长处的流量。在获得了每一根光纤不同像素处的流量之后，精确确定这些像素所对应的波长，建立像素位置与波长的对应关系。这种对应关系是通过处理标准灯的光谱，然后进行比对来完成的。在观测目标星前，要先拍摄标准灯的光谱。标准灯谱中含有一些特定元素的发射线，这些发射线在整个波段分布比较均匀。我们已经知道这些发射线的实验室波长值，需要做的就是确定光谱中的每根发射线具体是哪根线，对应之后再通过一些数学方法（如拟合和插值）得到所有像素对应的波长。这样就能得到观测的目标天体光谱中每条谱线的波长值。

在完成了首要的标准化步骤后，我们可得到每根光纤获取的初始光谱。LAMOST有4000根光纤，不同的光纤采集信息的能力可能是不同的。这可能会影响我们最终获得的星光光谱。要解决这个问题，就需要纠正光纤不同效率产生的观测差异，即去除光纤的不同效率的影响。解决办法是给每根光纤输入一个相同流量的光，通过测量输出的图像得到光纤之间的差异，在处理数据时，把这些差异考虑进去，进而去除影响。

经过标准化后，我们就可以对这些“水”进行除杂净化处理了。对水的净化处理主要是通过过滤等方法去除杂质和有害物质，而天文学中的“除杂”则是去掉影响真正星光的背景光，这些背景光包含月光、城市灯光等。这些背景光可以用天体周围的空天区的光，也就是天光来代替。在每次观测中，一般都会有一些用于观测天光的光纤，其作用是对观测天区的天光进行采样。我们可以用这些天光光纤来获得对应的视场内的夜天光流量，然后从每个星光光谱中扣除，得到纯净光谱。

在LAMOST观测信息处理过程中，要将CCD观测到的流量曲线还原到天体本身的光谱曲线，这要利用同一个观测天区中几个负责流量标准化的天体来实现。在一台光谱仪的250根光纤中，一般事先分配有几颗流量标准星。流量标准星是流量曲线已知的目标天体。假设已知某个流量标准星的原始流量曲线，而我们处理过的CCD上的流量曲线也是已知的，CCD流量曲线与原始流量曲线之比就是流量定标曲线。求出几个流量标准星的流量定标曲线的平均值，就是本次观测的流量定标曲线。将所有观测目标在CCD上的流量除以流量定标曲线，就可以得到每个目标的原始光谱。定标星一般选取具有平滑连续谱，且没有强发射线和强吸收线的谱型的恒星，这样在定标过程中才能最好地避开发射线和吸收线的影响。

在采水时，在进行一系列除杂后，我们还要清除水中一些偶尔的来历不明的不速之客。比如在采水时，突然飞进一个小虫子，这种虫子不是这个水源中固有的，如果我们不把这个虫子去掉，科学家会以为这是种特殊的含有虫子的水，就可能得出错误的结论。那么，怎样除掉这种小虫子呢？有一种办法就是对水源进行多次采集，这种偶尔飞来的小虫子不会每次都被采集到，很可能只出现在一次采集样本中。对于在多次采集的样本中，只出

现于某一次样本中的特殊成分，我们会把它去掉，不作为采集样本的成分。在天文观测过程中，我们也是这样去除宇宙中来历不明的宇宙线的。这些来历不明的宇宙线不是天体光谱本身的线，因此需要去除。要去除这些宇宙线，就需要对目标观测三次或者三次以上。在合并多次曝光光谱时去掉其中某次流量异常的点，这样就在目标光谱中去掉了宇宙线的影响。

在经过多道工序后，LAMOST采集处理后得到的“水”就是光谱，它包含有丰富的天体信息，例如，天体的红移、有效温度、重力加速度、金属丰度等。不过要获得这些信息还需要进一步处理。

LAMOST每夜观测上万个天体的光谱，数据量级达到数GB。为最有效地获得观测数据和取得尽可能多的科学成果，LAMOST拥有一套完整的自动化观测、数据处理和存储软件系统。目前，数据处理软件经过软件组开发人员不断地完善算法、修正漏洞，并经过无数次系统测试，已经日益成熟，实现了全自动化，只需要简单输入一条命令，就能够高质、高效地完成对日常观测获取的海量数据的处理、储存。

## ④ 产品至上

在经过水质提纯等一系列的处理之后，还要按照矿泉水、纯净水等不同类别进行分拣装瓶、贴标签，最后将成品送往市场销售。而LAMOST的光谱数据在经过类似“水质提纯”的处理过程后，也会按照光谱的性质进行分类、标定各种成分等后续处理，最终被发布到网站，供天文学家使用。

这些光谱就像是进入水管中的水一般，经过各种处理，最终输出的是成品光谱，可以直接提供给全世界的天文学家研究以共同探索宇宙奥秘。

图5-14 水质提纯过程

PIPELINE的中文意思是“流水线”。1D PIPELINE程序的主要作用是对2D PIPELINE程序处理出来的光谱进行分类、速度测量、谱线测量、参数测量、产品质量把关、产品输出等，简单说来，也就是对光谱进行各方面的测量，比如判断类型（恒星、星系、类星体等)、测量红移（科学家就是根据宇宙中天体的红移得出宇宙在加速膨胀的结论的)、测量参数（可以据此判断恒星的年龄、重力加速度等)。正如生产饮用水时，要对水质进行检测，并根据水质的不同，分为矿泉水、纯净水等。

望远镜拍到的天体类型主要分为恒星、星系和类星体三种，其中以恒星居多。

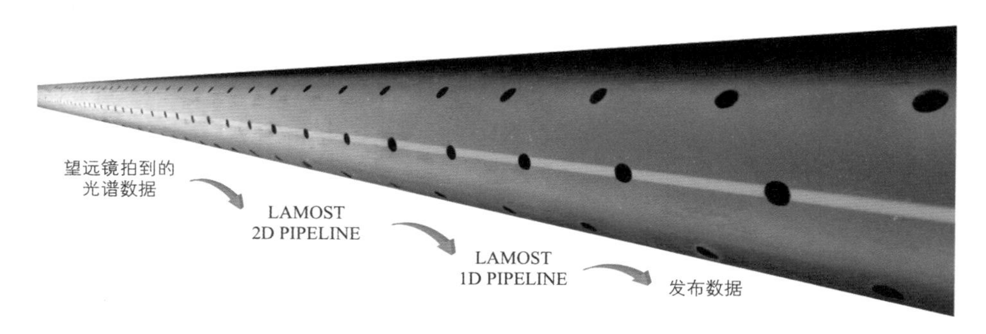


图5-15 LAMOST光谱处理流程

多数恒星是大质量、会自行发光的等离子体星体。恒星之所以会发光，是因为在其核心不断进行着核聚变。核聚变所释放出的能量，从内部传输到表面，然后辐射出来，变成可见光、红外线等能量。大部分比氢和氦更重的元素都是在恒星的核聚变过程中产生的。天文学家通过望远镜观测恒星的光谱，可以得到恒星的质量、年龄、金属含量、表面温度等性质，而恒星的质量则是决定恒星一生道路的主要因素。

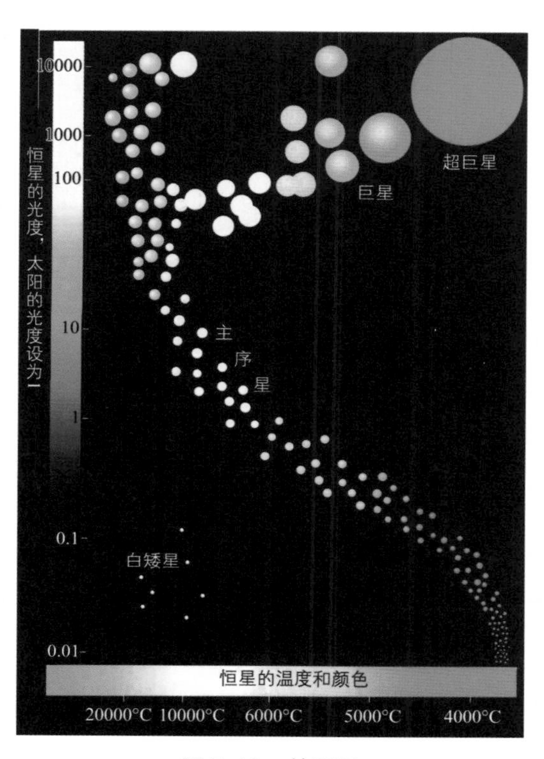


图5-16　赫罗图

赫罗图是研究恒星演化的重要工具。

人们发现，大多数恒星都集中在赫罗图的右下方到左上方的一条带上，在这条带上的恒星被称为主序星。除主序星之外，还有不少其他类型的恒星。

质量大于0.5个太阳质量的恒星在核心的氢耗尽之后，外层气体开始膨胀并冷却形成红巨星。我们的太阳在大约50亿年之后，就会变成红巨星，届时它的最大半径将是目前的250倍，地球也会被淹没其中。

有一类恒星的大气层内碳的比例多于氧，类似红巨星的晚期星，碳和氧两种元素结合形成一氧化碳，只剩下了碳原子和其他的碳结合，使得整个大气层充满了“煤炭”。这种恒星被称为碳星（Carbon Star）。碳星的有效温度通常只有2500—3500K，质量相对不太大。

在恒星演化末期，恒星外层的气体会扩散成行星状星云，如果在外层大气散发之后其剩余的质量小于1.4倍太阳质量，那么它将缩小成和地球差不多大小的天体，人们称为白矮星。白矮星体积小、亮度低，但质量大，密度极高。白矮星虽然不是主序星，但也是一类非常重要的天体。

如果恒星的质量更大，核球无法支撑自身的质量，就会突然塌缩，使得电子进入质子内，这种突然的塌缩产生的激震波会使恒星剩余部分发生爆炸，在人类看来，天空中就像是突然多了一颗耀眼的星，所以称其为超新星。超新星爆炸会将恒星的大部分物质都抛射出去，形成星云（比如蟹状星云），剩下的部分如果质量小于4倍太阳质量，就是中子星，而大于4倍太阳质量的，就会形成黑洞。我们地球上的重元素，可能就是宇宙早期超新星爆炸抛射出来的。

对于大多数恒星，历史上有过很多种分类方法，其中最著名的是由哈佛大学天文台的天文学家提出来的，称为哈佛分类法：根据24万颗恒星的吸收光谱资料，分为O型、B型、A型、F型、G型、K型和M型七大类。这种光谱型分类的顺序恰好是恒星表面温度从高到低的序列，而这种方法也是LAMOST所使用的分类方法。

**表5-1** 各类恒星的温度、颜色信息及举例说明

| 分类 | 温度 | 颜色 | 例子 |
|---|---|---|---|
| O型 | 大于等于33000K | 蓝星 | 弧矢增二十二 |
| B型 | 10500—30000K | 蓝白星 | 参宿七 |
| A型 | 7500—10000K | 白星 | 牛郎星 |
| F型 | 6000—7200K | 黄白星 | 南河三A |
| G型 | 5500—6000K | 黄星 | 太阳 |
| K型 | 4000—5250K | 橙红星 | 印第安座ε星 |
| M型 | 2600—3850K | 红星 | 半人马座比邻星 |

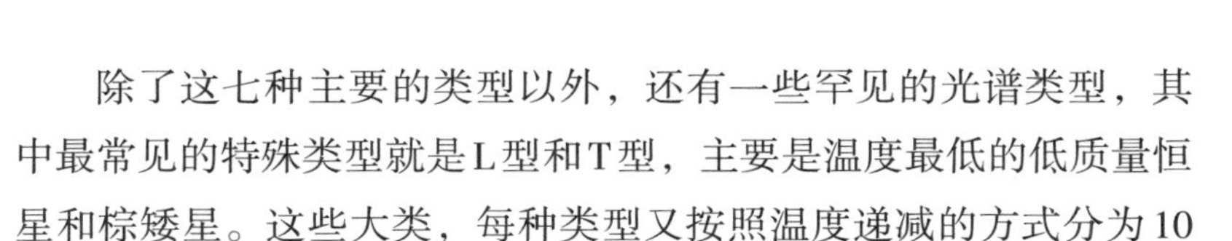

除了这七种主要的类型以外，还有一些罕见的光谱类型，其中最常见的特殊类型就是L型和T型，主要是温度最低的低质量恒星和棕矮星。这些大类，每种类型又按照温度递减的方式分为10种子类型，如A0、A1……A9等。

星系是望远镜拍到的另一种重要天体。广义上的星系是指大量的恒星、气体、尘埃等组成的巨大系统。银河系就是一个包含恒星、星团、星云、星际介质、宇宙尘埃、暗物质等，并且受到中心引力约束的大质量系统，直径约为10万光年。星系一般是根据形状来分类的，有椭圆星系、旋涡星系、棒旋星系等，银河系就属于棒旋星系。

而类星体是一类离地球最远、能量最高的活动星系核，与脉冲星、微波背景辐射和星际有机分子并称为20世纪60年代天文学的四大发现。因为距离遥远，所以绝大多数类星体都有非常大的红移，根据哈勃定律，它们与我们的距离达几亿甚至上百亿光年。类星体在光学波段、紫外波段、X射线波段都有相当大的辐射功率，远远超过了普通星系，有的甚至达到了银河系总辐射功率的数万倍。关于类星体的能量来源，天文学家提出了很多假说，如黑洞假说、反物质假说、超新星连环爆炸假说等。

为了更好地研究天体，向全世界的天文学家提供更可靠、更准确的光谱数据，LAMOST的1D PIPELINE软件对拍摄到的光谱进行了系统分类。大类有恒星（STAR）、星系（GALAXY）、类星体（QSO）和未知（UNKNOWN）四类。

在恒星大类中，又具体细分为O、B、A、F、G、K、M、WD、Carbon Star、Double Star等几类。主序星又继续向下细分成从数字0到9的子类。星系和类星体没有子类，只有多个不同物理意义的光谱模板。对于其他暂时无法进行准确分类的光谱，统称为“未知”，有待天文学家继续深入研究探索。

1D PIPELINE有自己的一套模板库，包含绝大部分主要类型

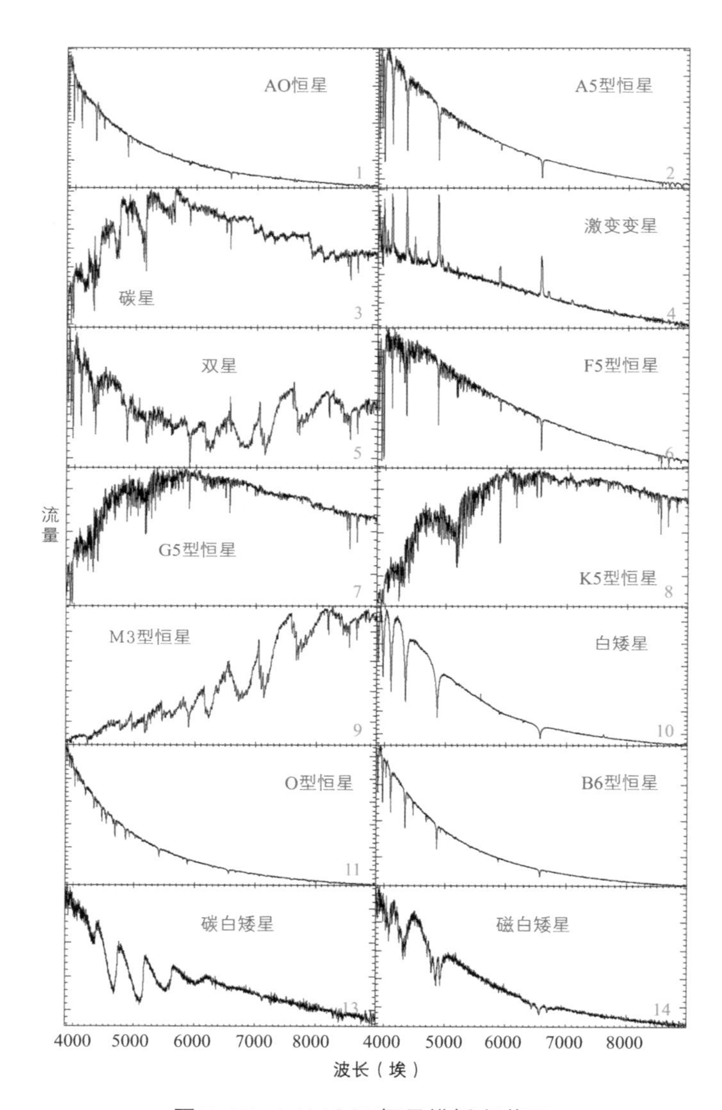


**图5-17　LAMOST恒星模板光谱图**

（子型）的光谱模板。在对光谱进行分类后，1D PIPELINE程序会自动把光谱和模板画在同一张图片上，便于大家浏览。

## 参数测量

在天文学中，光谱是研究天体的重要途径，通过光谱，人类可以获得各种信息，比如天体距离地球的远近，恒星的大小、质量、年龄、温度，天体的运动速度，恒星的元素含量等。在天文学中，获取这些信息的有效手段就是进行参数测量。

### 视线方向上的运行速度（视向速度，rv）

我们在初中物理中学过，当一列火车迎面开来时，我们听到的汽笛声音调会升高，当它远离我们而去时，音调会降低，这就是声学多普勒效应。通过多普勒效应，还可以推断出物体的运动速度。光同样有多普勒效应。20世纪20年代，科学家就发现星系的光谱向长波的方向偏移说明星系在远离我们，这就是红移。所以通过测量红移，人们就可以知道天体相对于我们的退行速度。

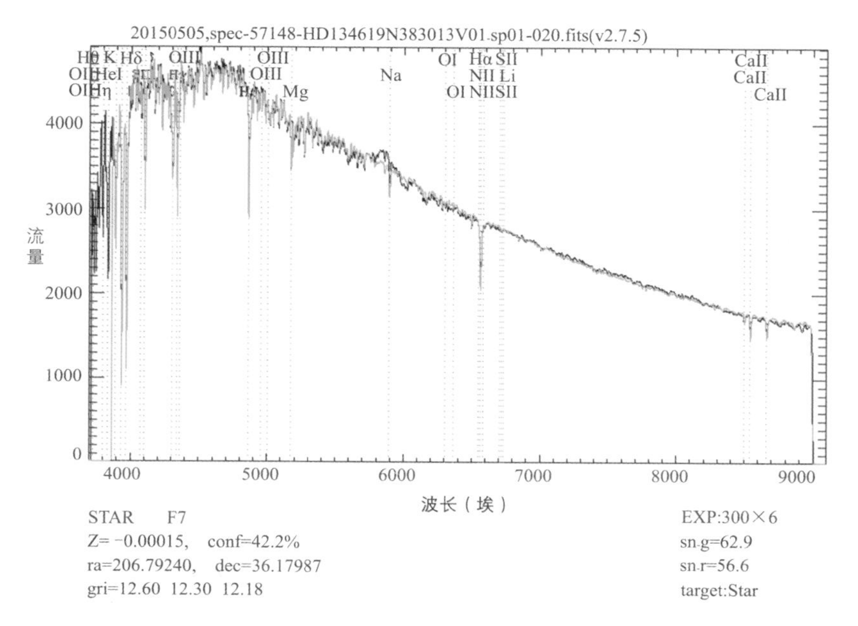


图5-18 1D PIPELINE程序处理后光谱和模板匹配示例

根据多普勒效应，如果物体远离我们，那么它的光波长将会增加；反过来，如果物体接近我们，其光波长将减小。在光谱上来看，就是光谱整体向右（红外端）或者向左（紫外端）移动，即红移或者蓝移，具体数值可以用z来表示。视向速度是指物体朝向视线方向上的速度分量，我们能够根据拍摄到的天体谱线和在实验室测出的已知谱线波长的对比，来精确地测量。习惯上，视向速度为正值表示天体在远离我们，负值表示天体在靠近我们。通过多年的观测，天文学家得到了宇宙中海量天体的视向速度，发现距离越远的天体退行速度越大，于是得出了宇宙正在加速膨胀的结论。

## 金属含量（Fe/H）

恒星是在星际物质相对密度较高的区域内形成的，但就是这样的区域密度仍然低于地球上人造的“真空”密度。这样的区域叫作分子云，主要成分是氢，约23%—28%是氦，有时还会有少许重元素。由于万有引力，分子不断向中心汇聚，越聚越密，直到质量足够大到引起核聚变，就会诞生出一颗恒星。因此，金属丰度足以显示恒星过去的活动。在PIPELINE软件中，主要是以铁元素和氢元素的比值（Fe/H）来代表金属含量。

对于矿泉水，我们需要知道里面含有矿物质的种类和比重；对于天体，我们也需要测量它们的金属含量。通过测量金属含量的多少，就可以区分出第一代恒星和第二代恒星。第二代恒星的金属含量一般要比第一代恒星高出很多。

## 重力加速度［log(g)］

地球表面的重力加速度大约是$9.8m/s^2$，这个值可以通过地球的质量和半径计算得到。太阳质量比地球大许多，它的表面重力加速度是$274m/s^2$。如果知道一颗恒星的表面重力加速度，就可以反推出恒星的质量。而通过恒星光谱，就可以测得恒星的表面重力加速度。

### 表面温度（Teff）

表面温度是指发射出与某恒星相同数值的总辐射流、又具有与该恒星半径相同的绝对黑体所具有的温度。恒星的分类和温度有直接关系，如果知道了一颗恒星的表面温度，根据赫罗图就可以推断出它的光谱型和光谱特征。

在对天体的光谱进行分类、参数测量等处理之后，LAMOST就会对全世界的天文学家公开发布光谱数据，供大家研究。

光谱数据文件所采用的是FITS文件格式，包含文件头和数据两部分。在文件头中，存储了该光谱的观测时间、坐标、观测温

```
SIMPLE  =                    T /Primary Header created by MWRFITS v1.8
BITPIX  =                  -32 /
NAXIS   =                    2 /
NAXIS1  =                 3909 /
NAXIS2  =                    5 /
EXTEND  =                    T /Extensions may be present
COMMENT --------FILE INFORMATION
FILENAME= 'spec-55914-GAC_04h29_M1_sp01-017.fits' /
AUTHOR  = 'LAMOST Pipeline'    / Who compiled the information
N_EXTEN =                    1 / The extension number
EXTEN0  = 'Flux Inverse Subcontinuum Andmask Ormask' /
ORIGIN  = 'NAOC-LAMOST'        / Organization responsible for creating this file
DATE    = '2013-11-13T03:24:42' / Time when this HDU is created (UTC)
COMMENT --------TELESCOPE PARAMETERS
TELESCOP= 'LAMOST  '           / GuoShouJing Telescope
LONGITUD=              117.580 / [deg] Longitude of site
LATITUDE=              40.3900 / [deg] Latitude of site
FOCUS   =                19964 / [mm] Telescope focus
CAMPRO  = 'NEWCAM  '           / Camera program name
CAMVER  = 'v2.0    '           / Camera program version
COMMENT --------OBSERVATION PARAMETERS
DATE-OBS= '2011-12-18T15:48:28.65' / The observation median UTC
DATE-BEG= '2011-12-18T23:25:06.0' / The observation start local time
DATE-END= '2011-12-18T23:49:51.0' / The observation end local time
LMJD    =                55914 / Local Modified Julian Day
MJD     =                55915 / Modified Julian Day
LMJMLIST= '80516126'           / Local Modified Julian Minute list
PLANID  = 'GAC_04h29_M1'       / Plan ID in use
RA      =        62.2083640000 / [deg] Right ascension of object
DEC     =        26.7480250000 / [deg] Declination of object
DESIG   = 'LAMOST J040850.00+264452.8' / Designation of LAMOST target
FIBERID =                   17 / Fiber ID of Object
CELL_ID = 'F0410   '           / Fiber Unit ID on the focal plane
X_VALUE =       -106.813418496 / [mm] X coordinate of object on the focal plane
Y_VALUE =        788.124768917 / [mm] Y coordinate of object on the focal plane
OBJNAME = 'S1167-009035'       / Name of object
```

图5-19　FITS格式文件头示例

度、曝光时间、波长、分类、红移等信息，而数据就是指天体光谱、遮罩层等向量或矩阵数据。

除了要发布FITS格式文件，还要发布星表。简单说来，星表就是记载天体各种参数的表册。LAMOST发布的星表中，记载了天体的视向速度、有效温度、金属丰度、坐标等，就像是天体的简历一般。

截止到2015年年底，LAMOST已经向国内发布了575万条光谱。现在LAMOST的直接用户已有数百人，来自国内外58个不同的研究单位。这些科学家已基于来自LAMOST的数据发表了上百篇论文，其中绝大多数都是发表在SCI期刊上。随着LAMOST观测资料的积累和科研工作者的努力，这一数字还会不断攀升。

**表5-2** LAMOST发布光谱数一览表

| | 先导巡天（20111024—20120617） | 正式巡天第一年（20120928—20130603） | 正式巡天第二年（20130910—20140603） | 正式巡天第三年（20140910—20150530） |
|---|---|---|---|---|
| 发布天区数 | 401 | 808 | 725 | 730 |
| 总光谱数 | 909520 | 1638216 | 1588746 | 1622344 |
| 恒星 | 809827 | 1511033 | 1463601 | 1489013 |
| 星系 | 2707 | 9496 | 25003 | 24160 |
| 类星体 | 617 | 4097 | 3916 | 7721 |
| 未知 | 96369 | 113590 | 96226 | 101460 |
| AFGK参数 | 390095 | 822117 | 995576 | 970806 |
| A型星参数表 | 55244 | 72056 | 69705 | 78524 |
| M型矮星参数表 | 74413 | 63660 | 72756 | 93430 |

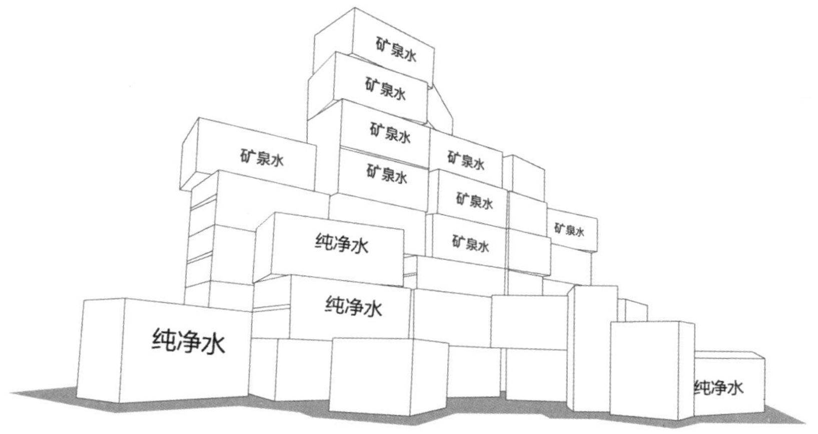


图5-20　饮用水产品

随着LAMOST巡天的顺利开展，2015年3月，DR1数据对全世界公开发布，越来越多的外国天文学家开始关注LAMOST项目，并申请使用尚处于保护期的LAMOST数据。为了规范管理，并扩大LAMOST的国际影响力，提高LAMOST的科研产出，经LAMOST科学委员会讨论，制定了完善的LAMOST外部合作者申请流程。外国天文学家可以就拟申请的数据及开展课题提出申请，并由国内共同合作的天文学家进行推荐。经科学委员会审核通过后即可获得使用LAMOST数据的权限。

为了更好地为天文学家提供服务，使他们能够及时了解LAMOST数据发布情况，方便下载数据，LAMOST还专门设立了网站：http://www.lamost.org/。

图5-21是LAMOST官方网站的截图，有英文和简体中文版。网站分为巡天（Sky Survey）、望远镜（Telescope）、PDR、DR1、DR2、发表论文（Publications）、973项目重点实验室、工作组（Collaboration）、联系方式（Contact Us）几大板块。

图5-21　LAMOST网站主页

## 巡天

这个板块介绍了巡天的基本内容、意义和研究项目等，分成两大部分，LEGUE（LAMOST Experiment for Galactic Understanding and Exploration）和LEGAS（LAMOST Extra Galactic Surveys）。网页还介绍了这两个项目的科学意义、科研产出等。

## 望远镜

这一部分是对LAMOST望远镜的详细介绍。从望远镜选址到正式投入使用，几乎包括了所有相关参数，可以让浏览者对LAMOST有一个完整的认识。

## LAMOST先导巡天

先导巡天内容比较丰富和全面，分为望远镜观测介绍、访问数据、软件和算法、帮助四大部分。

为了检验仪器的实际性能和完成科学目标的能力，LAMOST项目组首先进行了先导巡天，从2011年10月24日开始，到2012年6月17日终止，包含9个满月周期，基本上覆盖了一年中所有有利于观测的观测时间。另外，概述部分也介绍了先导巡天获取的数据量。

访问数据板块主要分为两部分：公众获取数据方式和项目组申请数据方式。在数据保护期内，研究者如果想获取数据，首先需要在LAMOST的网站进行注册，LAMOST负责人员批准后就可以申请了。数据过了保护期以后，所有人都可以直接访问网站来获取PDR数据。

光谱数据从拍摄到发布，要经过目标选择、数据约减、光谱分析、建立数据库、生成FITS文件等流程。目标选择就是根据科学目标，选择天空中需要拍摄的位置，这一工作是由Survey Strategy System（SSS）项目组完成的。数据约减和光谱分析主要由LAMOST巡天与数据部完成，就是前面提到的对拍摄到的光谱进行拼接、定标、分类、参数测量等操作。

网站对DR1和DR2两部分分别进行了介绍，包括观测时间、数据量等内容，并介绍了数据的获取方式。数据获取网站分别是http://dr1.lamost.org/（在这个网站中，可以下载光谱数据，可以查看关于数据的文档）和http://dr2.lamost.org/。DR1的数据已向全世界公开发布；DR2的数据目前还在保护期内，仅对国内天文学家和国际合作者公开，保护期内的数据需要提交申请才能够下载。

发表论文板块分科学和技术两个方面，列举了和LAMOST相关的论文，包括论文题目、期刊名称、作者和论文链接。

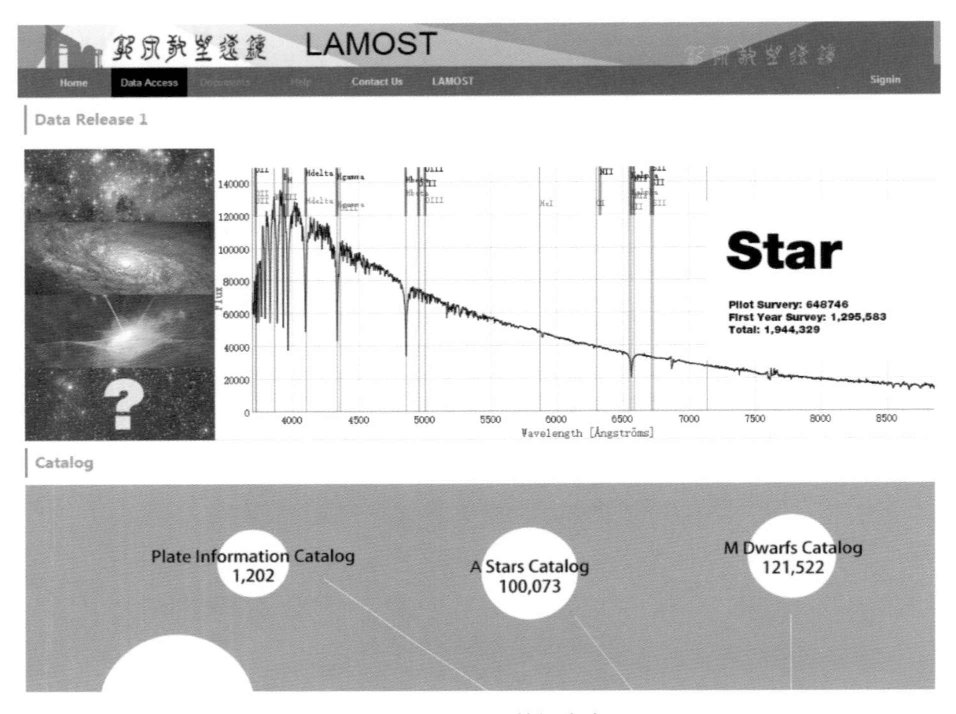


图5-22　LAMOST数据发布网页

## ⑤ 保驾护航

每年9月至下一年6月，是望远镜连续执行巡天观测任务的时间。为了使望远镜在下一个周期能以更好的姿态进行观测，加上天气的原因和运行的需要，每年6月中旬至8月底，LAMOST都会停止观测，进入夏季集中保养维护阶段。

除了夏季的集中维护，其他维护任务同样在为LAMOST巡天工作的顺利进行保驾护航。

LAMOST较为重要的技术维护工作当属镜面镀膜，其主镜（MB）和改正镜（MA）分别由37块和24块子镜拼接而成，因长期暴露在外，不断有灰尘附着，镜面的反射率会下降，从而影响观测的效率和效果，所以工作人员会定期对镜面反射率进行监测。镜面反射率是衡量望远镜性能的一个重要指标，天文望远镜对于镜面反射率要求较高，不同的望远镜都有镜面反射率要求的具体数值。

图5-23　子镜镜面脱膜

现阶段提高LAMOST镜面反射率的方法，一是对镜面进行清洁，二是对镜面镀膜。镜面清洁并不改变望远镜镜面的物理状态，只是采取一定手段去除镜面灰尘，这种简易方法不能从根本上提高反射率，而镜面镀膜是通过改变镜面物理状态达到提高反射率的方法。

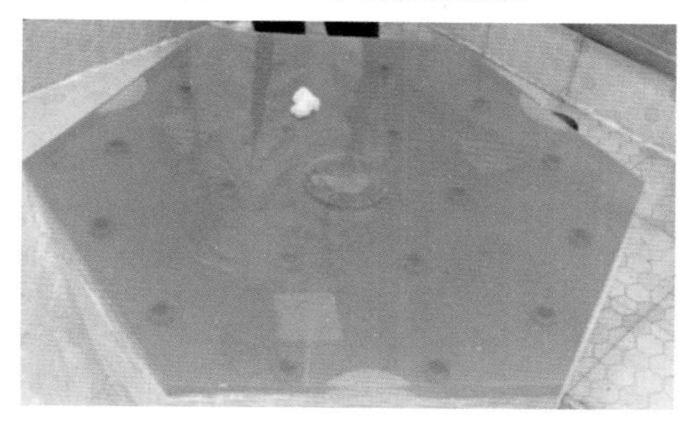
图5-24　子镜镜面抛光

镜面镀膜是通过专门的仪器在光学玻璃表面镀一层很薄的铝膜，达到“保养”的效果。子镜脱膜是镀膜的重要步骤，脱膜质量好坏直接决定镀膜的成功与否。简单地说，脱膜就是将镜面表面的杂物、灰尘及原来的旧膜除掉，还原到镜面的原始状态，然后才能进行再次镀膜。LAMOST镜面是在光学玻璃表面镀制一层铝，又在铝膜表面镀一层二氧化硅保护膜。镜面镀膜的保养维护

图5-25　子镜镀膜吊装

图5-26　镀膜后的子镜图

图5-27　镜面干冰清洗

图5-28　镜面清水清洗

图5-29　光纤端面清洁检查

是非常重要的，膜层的优劣直接影响望远镜的成像质量，镀膜能够从根本上提高镜面反射率，是一个质的变化。新镀膜后的镜面平均反射率能达到90%以上，从而提升望远镜的光学效率。镀膜的工作过程要求非常精细，任务相当繁重。原则上LAMOST每年要进行一次镀膜。

另外，要定期对LAMOST的MA子镜和MB子镜进行干冰清洗。MA子镜每周清洗一次，MB子镜每两周清洗一次；并且还要用蒸馏水一次清洗20块MA子镜，从而有效地保持镜面反射率。

光谱仪系统的维护部分包括光机电和CCD相关系统，其中对影响光谱仪通光效率的部分需进行重点维护。光学系统维护包括像质、波长覆盖检查（每天进行维护和检查），以及光学元件反射率测量、镀膜、更换等。

由于光谱仪准直镜和照相镜为反射镜，其膜层在室内的使用寿命约为4年，因此LA-

图5-30 MA（左）、MB（右）观测室和焦面圆顶维护

MOST光谱仪的准直镜和照相镜需进行分批镀膜，镀膜周期为4年。分色镜膜层使用寿命为6年，为尽可能提高光谱仪本体的通光效率，同样需要对其进行分批镀膜。

图5-31 日常维护

LAMOST的焦面板上安置有4000根光纤，日积月累，光纤头上会沾染一些灰尘，影响光纤的传输效率。技术人员每周要用显微镜检查光纤端面的灰尘情况，对4000根光纤端面进行清洁维护。

光谱仪机电维护主要是保证快门、狭缝、转台、光栅等机电部件的正常运转，其中定宽狭缝和光纤指向对准会对光谱仪的通光效率产生较大影响，为此需要在每年夏季维护期间进行狭缝和光纤指向调整。

LAMOST焦面仪器系统的主要维护工作，包括日常的液氮灌注、CCD系统、光谱仪本体、计算机系统、导星CCD系统和光谱仪房保洁、环境参数测量等，并要完成光谱仪的部分调试工作。

LAMOST每块子镜附有近万个电机、上千个促动器及传感器，有上百台计算机（控制器）需要维护和备份。只要出现硬件损坏情况，维护人员就要及时进行更换和软硬件升级，以确保望远镜正常运行，这种情况在气温突变的时候尤其要注意。

LAMOST光纤定位的维护工作，主要是对安装在焦面上的4000个光纤单元进行润滑、除尘等工作。

为了进一步提升LAMOST的观测效率，稳定每一部分的性能，需要对LAMOST进行维修改造，从而保障LAMOST巡天工作的顺利进行。

# 第六章 LAMOST“眼中”的宇宙

深邃的夜空，繁星闪烁着晶莹的光芒，它们像一座缀满宝石的迷宫。人们为了认识宇宙的奥秘，不断地探求着。在没有灯光干扰的晴朗夜晚，如果天空足够黑，你可以看到在天空中有一条弥漫的光带，这条光带就是我们置身其内而侧视银河系所看到的布满恒星的圆面——银盘。银河系内约有2000多亿颗恒星。与银河系类似的天体系统，称为“河外星系”。河外星系与银河系一样，也是由大量的恒星、星团和星际物质组成的。河外星系距离地球一般都在几百万光年以上。

LAMOST的巡天任务设定了三个科学目标：银河系光谱巡天、多波段天体交叉证认和星系光谱巡天。LAMOST获取的海量样本光谱数据为人类更好地了解银河系的结构和演化，以及宇宙中的诸多奥妙提供了宝贵的资源。这一章，我们将通过LAMOST的“慧眼”，走进丰富多彩的宇宙世界。

大麦哲伦星云，以16世纪葡萄牙著名航海家麦哲伦的名字命名。它是位于南天最醒目的云雾状天体之一。它是离我们第二近的星系，可惜在北半球大部分地区都看不见它。

它富含气体,演化程度不如银河系高；它的核心是由红色的老年恒星组成的，外面环绕着蓝色的年轻恒星。图中粉红亮处是其中最亮最大的一片气体，叫蜘蛛星云。

# ① 宇宙之初

宇宙是怎么产生的？它最初是什么样子？耳熟能详的“宇宙大爆炸”是什么意思？宇宙大爆炸后，构成宇宙的物质有哪些？这些物质又是如何形成恒星和星系的？带着这些问题，让我们开启探索神秘宇宙的篇章。

## 宇宙大爆炸

道生一，一生二，二生三，三生万物。道者，无也。

这是老子在《道德经》中对宇宙及万物产生的阐述，是我们的先人对于宇宙形成的最朴素的哲学观点。其实，从2000多年前的古代哲学家到现代天文学家，一直都在苦苦思索一个问题：我们身处的宇宙是如何起源的？经过哥白尼、赫歇尔、哈勃的太阳系、银河系、河外星系宇宙探索三部曲，宇宙学已经不再是幽深玄奥的抽象哲学思辨，而是建立在天文观测和物理实验基础上的一门现代科学。

目前，我们观测到的宇宙，最远距离大约有138亿光年，由众多的星系所组成，而每个星系又由大约上千亿颗恒星组成。基于已有观测和理论依据，天文学家对于宇宙的“开始”提出了“宇宙大爆炸”理论。该理论认为，138亿年前，整个宇宙一片黑暗，突然有一天，发生了惊天动地的大爆炸。

宇宙大爆炸的威力和速度是惊人的，但是温度会随着爆炸后宇宙的膨胀迅速下降。大爆炸以后0.01秒，宇宙温度下降为1000亿度；0.1秒后，温度降到300亿度；13.8秒后，温度进一步降到30

亿度；35分钟时，温度已下降到3亿度。大爆炸30万年后，温度已下降到3000度，宇宙开始变得透明了，并且开始形成化学元素。

宇宙大爆炸理论得到了若干重要观测事实的支持。20世纪20年代，天文学家埃德温·哈勃仔细测定了许多星系光谱中特征谱线的位置，证实了光波变长是宇宙正在膨胀的证据，哈勃的这个重大发现奠定了现代宇宙学的基础。

早在20世纪40年代末，宇宙大爆炸理论的鼻祖伽莫夫就认为，我们的宇宙正沐浴在早期高温宇宙的残余辐射中，其温度约为6K。正如一个火炉虽然不再有火了，但还是可以冒一点热气。1964年，美国贝尔电话公司年轻的工程师彭齐亚斯和威尔逊在调试他们巨大的喇叭形天线时，意外地接收到一种无线电干扰噪声，这个信号在各个方向上的强度都一样，而且并不随时间发生变化。

这是仪器本身有毛病，还是栖息在天线上的鸽子引起的？他们把天线拆开重新组装，但依然可以接收到那种无法解释的噪声。这种噪声的波长在微波波段，对应于有效温度为3.5K的黑体辐射出的电磁波（它的谱与达到某种热平衡态的熔炉内的发光情况精确相符，这种辐射就是物理学家所说的“黑体辐射”）。他们分析后认为，这种噪声肯定不是来自人造卫星，也不可能来自太阳、银河系或某个河外星系的射电源，因为在转动天线时，噪声强度始终不变。

后来，经过进一步测量和计算，得出其辐射温度约为－270℃，称为－270℃宇宙微波背景辐射。这一发现使许多从事宇宙大爆炸研究的科学家们得到了极大的鼓舞。因为彭齐亚斯和威尔逊等人的观测结果竟与理论预言的温度如此接近，这是对宇宙大爆炸理论的一个非常有力的支持，也是继1929年哈勃发现星系谱线红移后的又一个重大的天文发现。

宇宙微波背景辐射的发现，为观测宇宙开辟了一个新领域，彭齐亚斯和威尔逊因此获得了1978年诺贝尔物理学奖。颁奖词中指出：这一发现，使我们能够获得很久以前宇宙创生时期所发生的宇宙过程的信息。

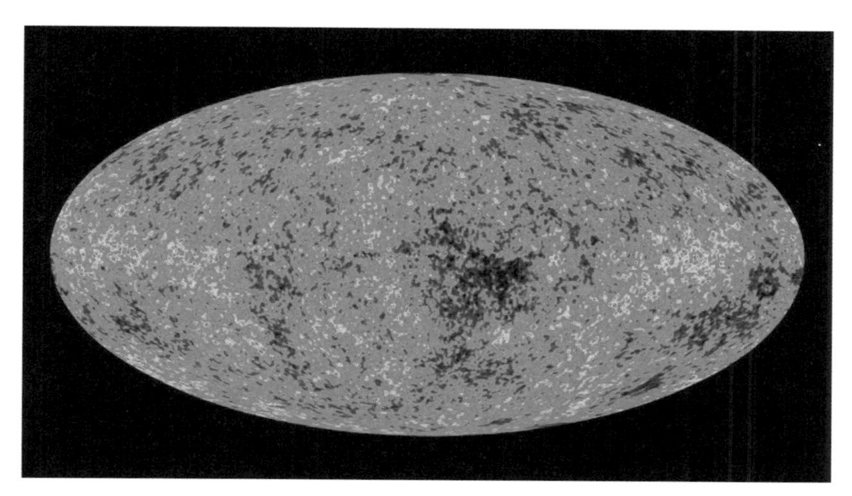

**图6-1** 根据WMAP卫星对宇宙微波背景辐射的观测所绘制的图像

## 宇宙的"活化石"

宇宙大爆炸后，构建原始宇宙的原生物质（主要是约78%的氢和22%的氦）的产生过程，在宇宙史的最初3分钟便告完成；在此后，宇宙由于膨胀而冷却，如此大规模的核合成过程再也不可能发生了，小规模的核合成也只有等到恒星产生以后才能进行。初生宇宙的空间中充斥着极强的高能辐射，原生物质氢核和氦核均匀分布在整个太空，它们之间的引力微弱，远不足以克服巨大的扩散压力和辐射压，因此无法凝聚成团。要打破这种物质均匀分布的状态，还需要等宇宙冷却到足够的程度。光阴一年年地流逝着，30万年过去，宇宙的温度降到了3000K，然而其均匀状态依然如故；1000万年过去，宇宙中的高能辐射冷却变成微波背景辐射，氢核和氦核形成各自的原子，原子间的引力终于战胜扩散压力和辐射压，渐渐形成一个个物质密度较大的地区，并继续向中心收缩，原始星云就这样形成了。在宇宙诞生1000万年以后，由氢氦两种元素构成的巨大原始星云弥漫于太空中，虽然非常稀薄，但却表明宇宙物质不再处于均匀分布的状态，这预示了宇宙星光灿烂的未来。

恒星是宇宙物质凝聚到一定程度的产物，在物质较密集的部分，由于引力较强，会使物质聚集得更快，温度也上升更快，旋转得也更快。这一过程逐渐加剧，当某一区域的中心温度上升到约700万度时，就会引发热核反应，向外发出辐射，恒星最光辉的生命历程便开始了。当旋转速度达到一定值时，恒星就会分裂成互相绕行的双星或多星。起源于原始星云中的恒星为第一代恒星，它们是由原生物质组成的气体星球。宇宙史纪元50亿年时，第一代恒星产生了，它们照亮了幽暗的太空，从此，一个新的宇宙时代来临了。

在宇宙早期就已经形成的具有极特殊化学构成的贫金属星，为我们进一步认识和了解宇宙演化历史提供了极为宝贵的观测数据，对于解开许多天文学未知之谜具有不可替代的重要地位。

贫金属星可以帮助天文学家探究宇宙大爆炸之初的物理过程。根据标准大爆炸模型的预言，今天宇宙中的轻核元素锂、铍、硼产生于宇宙诞生之初。测量贫金属星中锂元素的丰度能够为直接检验宇宙大爆炸模型提供有力的观测证据。此外，贫金属星还可以帮助我们了解第一代恒星的性质。现有的标准宇宙模型和天文观测结果表明，在宇宙大爆炸之后的几百万年中，就已经有恒星形成，并且正是这些恒星形成的活动促使比锂更重的元素开始产生。分析这些“高龄”贫金属恒星的金属丰度，无疑将对我们了解星系和宇宙的形成历史起到重要作用，也有助于检验星系化学演化模型和核合成理论。因此，贫金属星常常被天文学家们称为宇宙空间中的“活化石”，人们已经在寻找和观测贫金属星

**图6-2** “洪涛全泽米”化石，是在辽宁省朝阳市发现的保存最完整的大型苏铁化石

的道路上进行了半个多世纪的努力。

20世纪50年代，天文学家进行恒星光谱分类时发现了一些具有特殊金属谱线的恒星，在其后的两年时间里，他们围绕这些特殊的恒星开展了一系列研究工作并取得了突破性的成果。1951年，天文学家张伯伦和阿勒第一次对其中的两颗星HD19445和HD140283进行了光谱分析，发现它们的金属含量低于太阳的金属含量。在随后的几十年里，对于贫金属星的观测和研究工作逐渐发展并成熟起来，不断获得新的发现。

2002年，德国天文学家诺伯特和他的合作者在凤凰座发现了一颗16等的巨星HE0107-5240，它的金属丰度为－5.3，是太阳金属丰度的1/200000，这颗120亿岁的“高龄”星当选为当时金属含量最贫的恒星。3年之后的2005年4月，新发现的HE1327-2326以－5.6的金属丰度打破了这一纪录，这颗贫金属星的金属丰度仅为太阳的1/250000，寿命为132亿年，几乎与宇宙年龄相同（138亿年），仅仅包含极少数几种质量比氢和氦重的化学元素，是迄今为止人类发现的金属含量最少的恒星。

随着天文技术和观测手段的不断发展，对于贫金属星的观测也逐渐系统化和精确化。宽视角、低分辨率的物端棱镜光谱巡天是目前搜寻和证认贫金属星最有效的方法之一。下面介绍迄今为止两个最重要的搜寻银河系贫金属星的物端棱镜巡天：HK巡天和HAMBURG/ESO巡天。

美国天文学家比尔斯和他的合作者开展的HK-Ⅰ以及HK-Ⅱ巡天，为搜寻贫金属星提供了重要的数据资料。这个巡天在北半球和南半球覆盖天区面积分别达到2800平方度和4100平方度，已经完成的HK-Ⅰ巡天成功地探测到大约1000颗金属丰度低于-2.0和100颗金属丰度低于-3.0的极端贫金属星。

HAMBURG/ESO巡天是来自欧洲的巡天项目，也常被称为HES巡天。由于它所能探测到的极限星等比HK巡天暗近两个星等，巡天所能观测到的极端贫金属星数目也几乎比前者高出一个量级，为天文学研究提供了更为丰富的贫金属星样本。

过去的10年中，大批贫金属星的发现为天文学家们探究早期宇宙和星系中各种化学元素的产生和演化提供了大量有价值的观测信息，使得我们对于宇宙诞生和星系演化的早期历史有了更深入的了解。与此同时，也对未来的搜寻与研究工作提出了更高的要求，比如，更大的搜寻天区、更深的探测极限。以HK和HES为代表的一系列搜寻贫金属星的巡天项目仍然在更大的天区范围内继续进行着，其他新的巡天项目也正蓄势待发，例如RAVE、SIDING SPRING/HAMBURG、SEGUE等巡天项目，当然也包括我们的LAMOST。

中国天文学家使用LAMOST巡天光谱数据，挑选出了100余颗（极端）贫金属星候选体，并利用Telescope Access Program（TAP）项目支持的Magellan/MIKE望远镜，对其中8颗候选体进行高分辨率光谱观测，证实全部为贫金属星，其中5颗为极端贫金属星，而且4颗为新发现的极端贫金属星。另外，还新发现1颗碳和氮元素丰度超高的拐点贫金属星，目前已知的此类天体仅有2颗，其丰度模式起源尚无定论，新增目标将为从理论上研究和解释此类天体

提供重要的观测证据。目前已知的最贫恒星的金属丰度小于－6。随着LAMOST巡天的逐步展开，我们希望能够发现金属丰度更低甚至低于最贫恒星的金属丰度值的贫金属星，这样的重大天文发现对充实贫金属星样本，研究大爆炸初期的宇宙等有着举足轻重的作用。

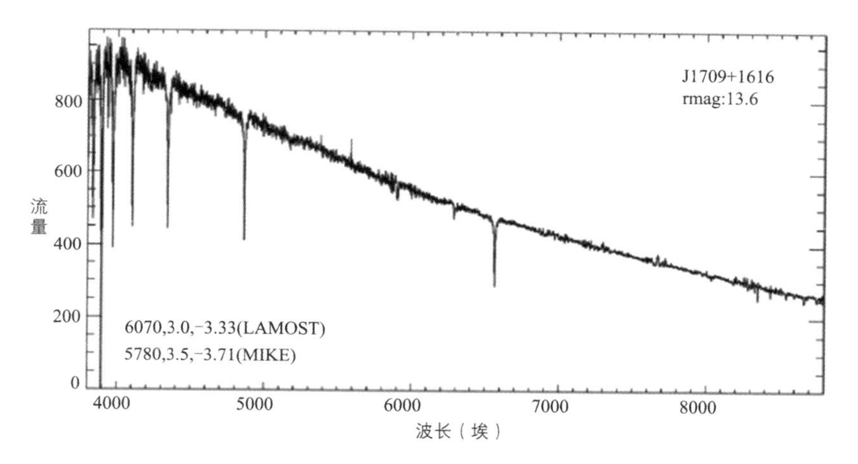


**图6-3** 新发现的一颗极端贫金属星的LAMOST光谱及参数

从最初被怀疑是否真的存在，直到今天需要依靠它们去探索第一代恒星、早期星系甚至宇宙的原初性质和演化历史，贫金属星的搜寻和研究之路经历了和许多其他重要发现一样的不平凡的历程，也取得了具有里程碑意义的发现。在接下来的几十年里，随着对这些宇宙空间的“活化石”进行搜寻与研究的手段的不断改进和完善，探寻和认识早期宇宙真实历史的篇章也将拉开序幕。未来值得我们期待，也希望能够有更多的力量加入这个奇妙而有意义的探索中来。

## ② 生死轮回的群星

第一代恒星消亡了，它成为白矮星、中子星或黑洞。然而，悲壮的死亡中酝酿着灿烂的新生，在它们的废墟上将诞生新一代恒星。超新星爆发抛出的物质，在广袤的星际空间漫无目的地遨游，在碰撞和辐射的作用下，被原始星云携带着运行。几百万年过去，这些物质因膨胀而变稀薄，最终与原始星云混而为一了。因此，宇宙中的星云不再只是由原生物质氢和氦构成，而是遭到重元素的“污染”，由于这种“污染”，恒星之外出现了自然景观、生命、技术和能源存在的可能。这种被“污染”的星云在引力作用下收缩、坍缩和碎裂，核子活动再度爆发，于是第二代恒星及行星诞生了。这些恒星将开始其生命历程，最终又会因缺乏燃料而死去，它们的碎屑又与能聚集成恒星的原生物质一道凝聚成下一代恒星。然而，这些物质的再循环并非永无止境的，原生物质会一点一点地并入新生的恒星，直至全部用完。当最后一代恒星走完它们的生命轮回而死亡时，宇宙永恒的长夜将来临。

### 恒星的一生

恒星是大质量的、由炽热气体组成的、能自己发光的等离子体星体。晴朗无月的夜晚，如果没有灯光等的污染，一般人肉眼可以看到大约6000颗恒星。借助望远镜，则可以看到几十万甚至几百万颗以上恒星。人们所看到的星星，除了极少数外，大部分属于银河系的恒星。所有这些恒星和我们的太阳一样，都能自己发光发热。只是由于它们离我们太远了，看起来仅仅是一个个小亮点。如果仔细去看，这些恒星其实是五颜六色的。例如，天蝎座的亮星心宿二是红颜色的，古人称之为“大火”；大犬座的天狼星是全天最亮的恒星，它的颜色是白色的。银河系中的上千亿颗恒星千差万别、形态各异。从质量上来说，有的比太阳大近百

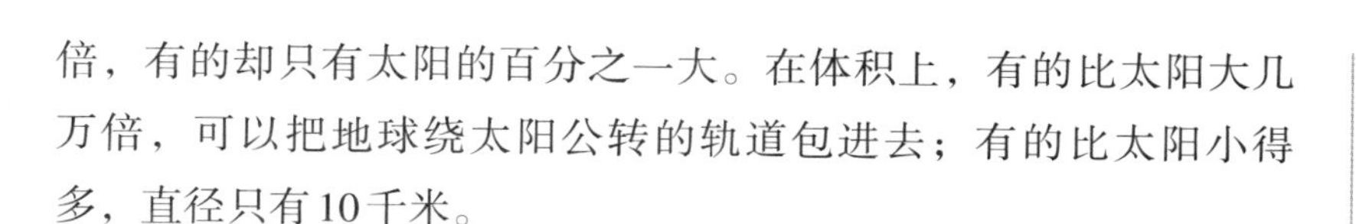

倍，有的却只有太阳的百分之一大。在体积上，有的比太阳大几万倍，可以把地球绕太阳公转的轨道包进去；有的比太阳小得多，直径只有10千米。

银河系核球和银晕里的恒星年龄比较大，它们是和宇宙年龄差不多的“老寿星”。而银盘里的恒星是相对年轻的，有的甚至是刚刚诞生的“婴儿”。天文学家将银盘里的恒星称为星族Ⅰ，将核球和银晕中的恒星叫作星族Ⅱ。

有的恒星像太阳一样是“独行大侠”，而有的则是成双成对或是三五成群，更有成千上万颗恒星组成的星团。有些人甚至可以用眼睛看到“七姐妹星团”（昴星团）的七颗亮星，用天文望远镜看，可以看到它是由上千颗恒星组成的星团。

银盘中的恒星大部分绕着银心做公转运动，比如太阳就以每秒250千米的速度绕银心转动，2.5亿年绕银心转一圈。但有些恒星并不“安分”，经常离开队伍四处溜达。

恒星是如何形成的？太阳系又是如何形成的？为了回答这个问题，无数的科学家和思想家一直在探究。哲学家康德和数学家拉普拉斯提出了“星云说”，认为恒星和太阳都是从星云中诞生的，当代天文学观测证实了他们的设想。

在银河系中，存在着温度很低的由气体和尘埃组成的分子云，其中密度较高的地方会发生收缩、凝聚。收缩使得物质密度升高、引力增大，而引力增大又进一步导致收缩。这样，一块很大的星云越来越快地收缩，也变得越来越小。在星云收缩的过程中，中心的密度变大，温度也升高了，其中的一部分热量辐射到外面，从而可以被我们观测到，天文学家把这些诞生中的恒星称为“原恒星”。随着原恒星的进一步收缩，当中心温度达到700万度时，就发生了氢燃烧成氦的热核反应，热核反应的能量抵抗住了引力收缩，达到一种平衡态，这就是真正的恒星了，称为“主序星”。

星际气体和尘埃是星星诞生的摇篮，银河系中那些浓密的气体和尘埃中，正在孕育着新的恒星，它们被称为“恒星形成区”。在银河系的旋臂上，有很多恒星形成区，它们是密度和质量都很大的冷星际物质团，主要是由气体和尘埃组成的分子云。一些巨分子云的质量甚至有太阳的几百万倍，大小可达近百光年。由于这些分子云中含有大量的尘埃，能完全吸收可见光，因此对它们的观测往往是通过射电波段和红外波段来进行的。例如，分子云中的中性氢、氢分子和一氧化碳分子会辐射出射电谱线来，而分子云中的尘埃则辐射出红外辐射。

在银河系130多亿年的历史中，千亿颗恒星经历了生生死死。

在银河系形成的年代，随着气体云的收缩，无数的恒星从气体云中诞生了，开始了它们发光发热的一生。质量越大的恒星衰老得越快，质量越小的恒星寿命越长。第一批形成的小质量恒星至今还活着，而质量大的恒星在几亿年甚至一千万年的时间内便快速结束了生命而进入了新的轮回。

当小质量恒星到达生命的晚期——红巨星阶段时，它们会将外边的气壳抛掉，这些气壳将融入周围的星际介质中去，中心剩下一个白矮星。大质量的恒星临终时会来个“回光返照”，发生超新星爆炸，将自身大部分的物质抛入太空中，中心留下一个中子星或黑洞。再经过亿万年的演化，星际气体通过收缩而诞生出新一代的恒星。

就这样，恒星从星际气体中诞生，死亡时再将大部分物质还回星际气体中，而新的恒星又将从星际气体中诞生。在恒星的生死循环中，它们的核心就如同“炼金炉”一样，不断地产生化学元素。大质量的恒星可以在其核心中产生元素表中从开头直到铁元素的自然界所存在的全部化学元素，而在它死亡时的超新星爆炸中，可以再产生出直到铀元素的自然界所存在的全部化学元素，并通过爆炸将这些化学元素抛散到星际空间中去。以后，从

星际空间中再诞生的新一代恒星就拥有了所有这些化学元素。太阳至少是第二代恒星，在太阳诞生以前肯定发生过超新星爆炸，唯有这样，才有可能在地球上找到从氢到铀的90多种化学元素。

目前，在银河系中，恒星的生生死死仍然在进行着。随着时间的流逝，银河系中的星际气体将会越来越少，到遥远未来的某一时候，最终将不会再有新的恒星产生了。再过一段很长的时间，所有的恒星都死亡了，那时的银河系就没有了生机，结束了它辉煌的一生。图6-4形象地展示了不同质量恒星一生的演化过程。

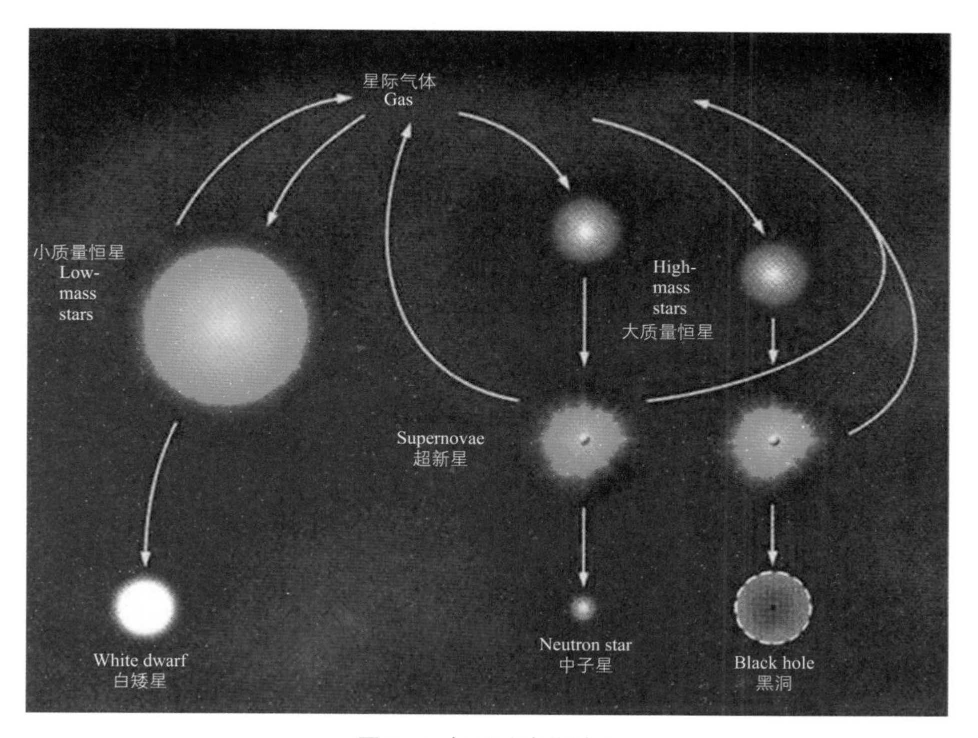


图6-4　恒星的演化过程

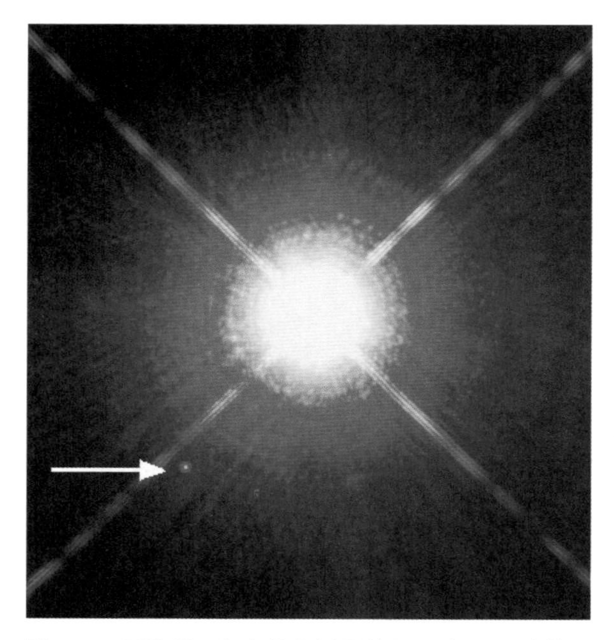

图6-5　天狼星A和它的白矮星伴星天狼星B（哈勃望远镜图像）

图6-6　艺术家想象的白矮星

## 揭秘太阳的“晚年”

质量较小的恒星，例如太阳，其晚年会演化成为一颗白矮星，它们体积小、亮度低，质量大、密度高。最早被发现的白矮星是天狼星A的伴星天狼星B，它的体积比地球大不了多少，质量却和太阳差不多。也就是说，它的密度在1000万吨每立方米左右。根据白矮星的半径和质量，可以算出它的表面重力等于地球表面的1000万—10亿倍。在这样高的压力下，任何宏观物体都不复存在，连原子都被压碎了，电子脱离了原子轨道变为自由电子。

白矮星的密度为什么这样大呢？我们知道，原子是由原子核和电子组成的，原子的质量绝大部分集中在原子核上，原子核的体积很小。比如氢原子的半径为一亿分之一厘米，氢原子核的半径只有十万亿分之一厘米。假如核的大小像一颗玻璃球，则电子轨道将在两千米以外。

在巨大的压力之下，电子将脱离原子核，成为自由电子。这种自由电子气体将尽可能地占据原子核之间的空隙，从而使单位空间内包含的物质大大增多，密度大大提高。形象地说，这时原子核“沉浸于”电子中。一般把物质的这种状态叫作“简并态”。简并电子气体压力与白矮星强大的重力平衡，维持着白矮星的稳定。顺便提一下，当白矮星质量进一步增大，简并电子气体压力就有可能抵抗不住自身的引力收缩，白矮星还会坍缩成密度更高的天体：中子星或黑洞。对单星系统而言，由于没有热核反应来提供能量，白矮星在发出光热的同时，也以同样的速度冷却着。经过一百亿年的漫长岁月，年老的白矮星将渐渐停止辐射而死去，它的躯体会变成一个比钻石还硬的巨大晶体——黑矮星而存在。

白矮星究竟是怎样一路演化而来的呢？中低质量的恒星在度过生命周期的最主要阶段——主序星阶段后，将结束氢聚变反应并在核心进行氦聚变——将氦燃烧成碳和氧的三氦聚变过程，并膨胀成为一颗红巨星。当红巨星的外部区域迅速膨胀时，氦核受反作用力强烈向内收缩，被压缩的物质不断变热，最终内核温度超过1亿度，于是氦开始聚变成碳。经过几百万年，氦核燃烧殆尽，恒星的结构组成已经不那么简单了：外壳仍然是以氢为主的混合物，而在它下面有一个氦层，氦层内部还埋着一个碳球。核反应过程变得更加复杂，中心附近的温度继续上升，最终使碳转变为其他元素。与此同时，红巨星外部开始发生不稳定的脉动振荡：恒星半径时而变大，时而又缩小，稳定的主序星变为极不稳定的巨大火球，火球内部的核反应也越来越趋于不稳定，忽而强烈，忽而微弱。此时的恒星内部核心实际上密度已经增大到每立方厘米10吨左右，我们可以说，此时，在红巨星内部，已经诞生了一颗白矮星。当恒星的不稳定状态达到极限后，红巨星会开始膨胀，把核心以外的物质都抛离恒星本体，物质向外扩散成为星云，残留下来的内核就是我们能看到的白矮星。

白矮星的内部不再有物质进行核聚变反应，因此不再有能量产生。这时它也不再由核聚变的热来抵抗重力塌缩，而是由极端高密度的物质产生的电子简并压力来支撑。物理学上认为，一颗没有自转的白矮星，电子简并压力能够支撑的最大质量是1.4倍太阳质量，也就是钱德拉塞卡极限。许多碳氧白矮星的质量都接近这个极限质量，有时经由伴星的质量传递，白矮星可能经由碳引爆过程爆炸成为一颗Ia型超新星。

白矮星形成时的温度非常高，但是由于没有能量来源，它们将会逐渐释放热量并逐渐变冷（温度降低），这意味着它的辐射会从最初的高色温逐渐减小转变成红色。经过漫长的时间，白矮星的温度将冷却到光度不再能被看见，从而成为冷的黑矮星。但是，现在的宇宙仍然太年轻，即使是最年老的白矮星依然能辐射出数千开尔文的温度，因此还没有黑矮星的存在。

任何一颗恒星都要面对生命终结的那一刻，毫无疑问，那将是一个真正的末日场景。大约50亿年之后，太阳也将消耗尽所有的燃料，届时会演化成一颗臃肿的红巨星。在这个阶段，太阳将会变得异常巨大，位于轨道内侧的行星会被火球吞噬，地球也将不能幸免。此后太阳质量将大幅度降低，瓦解成行星状星云，最后留下一颗体积与地球相当的白矮星。位于太阳系内侧的行星在红巨星阶段被火球吞噬后，潮汐力的作用将彻底摧毁火星轨道以内幸存的行星，它们会变成一团巨大的尘埃或者碎片云继续坠入太阳核心。太阳系将随着太阳寿命的终结而走向灭亡。目前，哈勃空间望远镜已经获得了这种末日景象的观测数据。来自沃里克大学的天文学家们发现了4颗处于低质量恒星生命最后阶段的白矮星，在它们的外层大气中包裹着行星状尘埃云，这为我们提供了难得一见的太阳系未来将不得不面对的“末日景象”。

2013年，国内研究人员利用LAMOST巡天数据，发现了70颗光谱型为A型的白矮星，其中35颗是首次发现。同年，又有学者在LAMOST的光谱中发现了230颗白矮星。2015年，北京大学研究人员在反银心天区发现了92颗DA型白矮星，并且为其中75颗测量了恒星大气参数、绝对星等和距离等。同一年，国家天文台研究人员采用新的方法在LAMOST第二年发布的光谱中发现了1056颗DA型白矮星，34颗DB型白矮星，以及276颗有主序伴星的白

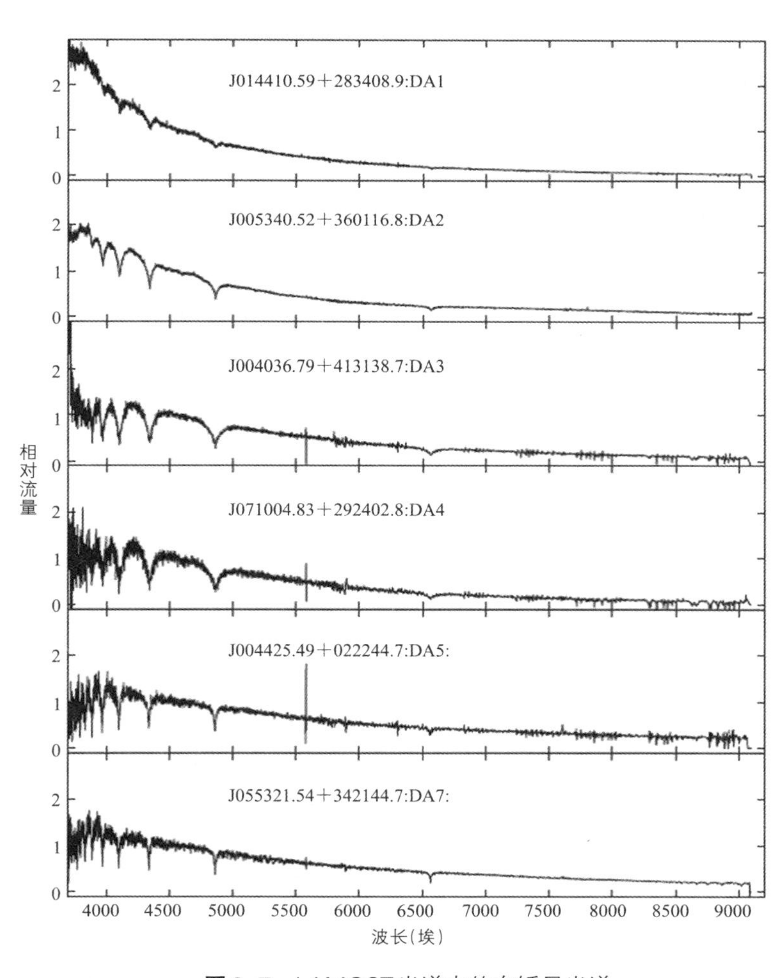


**图6-7** LAMOST光谱中的白矮星光谱

矮星。仍然是2015年，北京大学研究人员在LAMOST第三年发布的数据中发现了253颗白矮星，其中DA型白矮星227颗，他们还计算了这些样本的有效温度、表面重力和质量。这么多研究成果充分证明，LAMOST在搜寻和研究白矮星方面拥有非常强大的能力，目前的研究成果已经大幅度扩大了现有白矮星的样本库。随着LAMOST巡天的进一步开展，我们有理由相信，数量更多、种类更丰富的白矮星将被LAMOST不断发现，这为天文学家深入研究银河系的演化奠定了基础。

## 正在爆发的恒星

激变变星是一种亮度不规则增加的恒星，它们的亮度达到峰值后开始下降直到宁静状态。激变变星最初被称为“新星”，这样称呼它们，是因为它们爆发时的亮度人们用肉眼就可以观测到，但是当它们爆发结束进入宁静期时则肉眼不可见，这就好像天空中多了一颗新的恒星一样。激变变星包括新星、再发新星、矮新星和共生星，不包括超新星和光变类似于爆发的耀星等。激变变星是比较容易被天文学家观测到的一类天体，因为在爆发期，它们的亮度用一个中等能力的仪器就可以观测到。每年大约有6颗新星被观测到，天文学家预言每年能够观测到20—50颗新星的爆发，理论预测和观测结果仍然存在差距，一方面是因为星际尘埃的遮蔽，另一方面是由于南半球缺少观测，而且太阳升起、满月夜的时候观测通常会比较困难。

20世纪40年代以来，越来越多的观测事实表明激变变星实际上是一个双星系统，它们由一颗白矮主序星和一颗传递物质给主星的伴星组成。这两颗星彼此非常靠近，以至于白矮星的引力能够破坏伴星，并且白矮星可以从伴星吸积物质。因此，伴星通常被称为“施主星”。不同的主序星和伴星的组合，以及不同的吸积率催生出了不同类型的激变变星。例如，现在认为新星是一颗白

矮星吸积来自其处于主序的伴星物质，当其表面积累了一定数量的氢后，就会产生热核爆炸。再发新星的“施主星”是一颗巨星，吸积率高过新星，所以爆发频繁。矮新星与新星有相同的组合形式，但其“施主星”会发生不规则的膨胀而充满洛希瓣，使其吸积盘不稳定而爆发，矮新星的爆发频率高但规模小。共生星的“施主星”是M型巨星，通过星风向热星输送物质，在其外部还往往有一个因质量流失而形成的包层，它的爆发规模更小且更不规则。

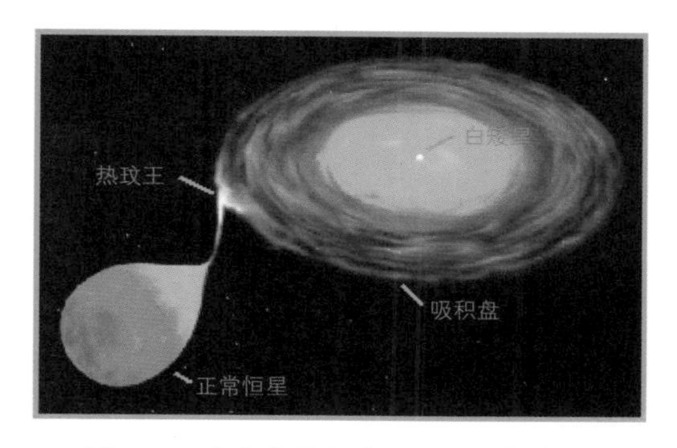


**图6-8** 激变变星所在双星系统想象图

白矮星从伴星上吸积过来的物质通常是富氢的，并且在大多数情况下会形成一个围绕着白矮星的吸积盘。吸积盘中常会辐射出很强的紫外线和X射线。吸积盘通常是不稳定的，一部分盘上的物质会跌落到白矮星表面，多数情况下，吸积层最底部的密度和温度将上升达到足够点燃核聚变反应。反应在短时间内将数层体积内的氢燃烧成氦，外面的产物和数层的氢会被抛入星际空间内，这被看成是新星的爆发。如果吸积的过程进行得足够久，白矮星的质量将会达到钱德拉塞卡极限，内部增加的密度可能会再次点燃已经死寂的碳，融合并触发Ia型超新星的爆炸，将白矮星彻底地摧毁。

中国天文学家结合机器学习方法，将它应用到LAMOST先导巡天光谱中搜寻激变变星。他们成功地发现了10颗激变变星，其中2颗是新发现的，其他8颗是前人已经证认过的激变变星。该团队使用的机器学习方法在寻找激变变星时非常有效且快速，这种方法同样可以用于搜寻其他光谱上有特殊性的稀少天体。传统的激变变星的发现手段是从测光角度寻找亮度发生变化的目标，这

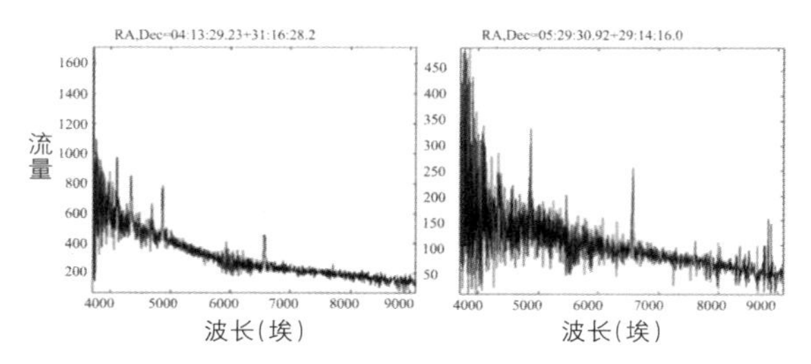


图6-9　中国天文学家新发现的2颗激变变星的光谱

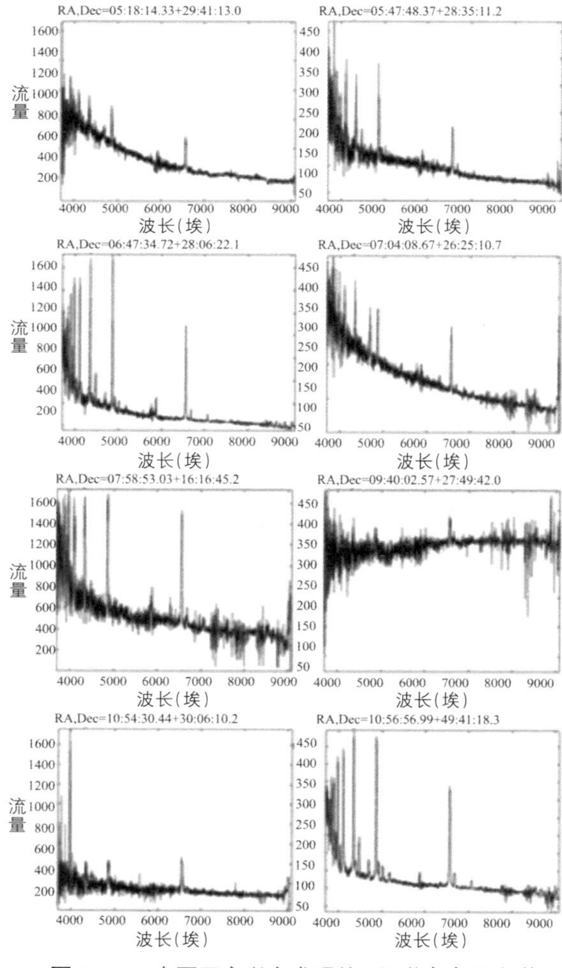


图6-10　中国天文学家发现的8颗激变变星光谱

种方法耗时长、效率低，且不适合系统搜寻。因此，这项研究的成功经验为系统和大规模寻找激变变星开辟了一个新的天地，利用这种全新、高效的方法，可以在LAMOST的海量光谱巡天数据中大规模快速搜寻激变变星，可在短期内大大提高激变变星的样本数量。

## 巨大的“煤球”

一般恒星的大气中氧含量比碳含量高，而碳星的大气层内的碳含量比氧含量高，它们是类似红巨星（偶尔是红矮星）处于演化晚期的恒星。碳和氧两种元素在恒星大气的上层结合，形成一氧化碳，消耗掉大气中所有的氧，只留下自由的碳原子形成其他碳化物，使得碳星拥有像“煤灰”的大气层。通常碳星是一些温度只有2500—3500K的红巨星，但碳星并不是仅由红色恒星组成，一些巨星分支（AGB）后期逐渐向蓝色端演化的恒星也可以是碳星，比如北冕座R，这颗恒星的表面温度约有6500K。

碳星可以分为传统碳星和非传统碳星，后者质量较小，有多种物理机制可以解释它们的形成过程。

传统碳星可以分为C-R和C-N两种，它们大气中的碳来自于氦融合过程，特别是恒星内部的三氦过程，这是当恒星演化到主序星晚期（渐近AGB时）的核反应。这些融合产生的碳和其他产物，都经由对流作用被送达恒星的表面。通常这些AGB碳星还有一层氢壳进行氢聚变，但只能存在1万年至10万年，然后恒星的壳层就转而进行氦聚变，氢聚变就突然结束。在这个阶段，恒星的亮度会增加，同时物质（主要是碳）从内部向外移动。因为光度上升、恒星膨胀，氦聚变会突然停止，氢壳层的聚变又再度开始。在氦壳闪光阶段，因为许多氦壳闪光的轰击会造成质量的重大损失，AGB星将会转变成炙热的白矮星，同时大气层中的物质成为行星状星云。

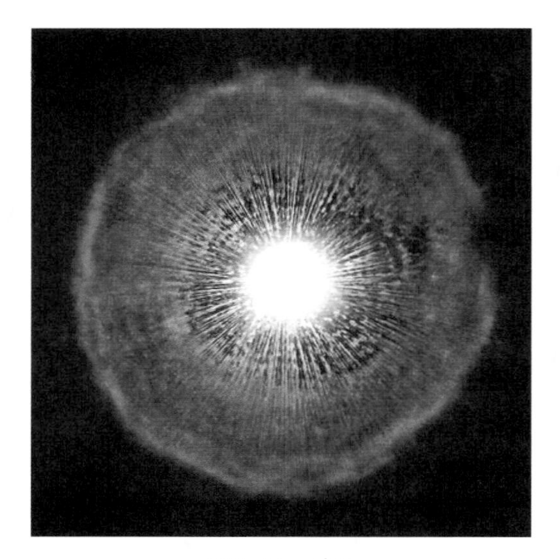
图6-11　碳星

非传统碳星被认为是双星，它们可以分为C-J和C-H两种，被观察到的主星是一颗巨星（偶尔会是红矮星），伴星则是白矮星。当观测到的巨星还是主序星时，会从伴星吸积物质。通过物质交换得到碳的非传统的碳星有时候被称作外因碳星，而AGB阶段在恒星内部产生碳的非传统碳星叫作内因碳星。许多外因碳星比较暗，或者太冷，不足以合成碳，直到双星机制的出现才解开了外因碳星中碳元素由来的谜团。

中国天文学家在LAMOST先导巡天的光谱数据中系统寻找和研究了各种类型的碳星。他们将机器学习方法引入碳星搜寻中，使研究人员在数百万量级的光谱数据中搜寻数量稀少的碳星等特殊恒星成为可能，并且极大地提高了搜寻效率。该研究团队从超过60万条恒星光谱数据中发现了172颗碳星，其中158颗是新发现的碳星。这些碳星中，有69颗C-H型碳星，66颗C-R型碳星，33颗C-N型碳星和4颗C-J型碳星。

人们起初认为，碳星以处于恒星演化晚期的巨星为主，偶尔会有碳矮星。然而，近年来研究人员利用美国SDSS光谱数据获得的研究成果颠覆了人们的传统认识：实际观测到的碳矮星数量多于碳巨星，它们在数量上占了主导地位！研究人员从这些碳星中证认出18颗碳矮星，增加了碳矮星样本的数量。此外，这项研究工作还证认了3个碳双星候选体和4个变星候选体。先导巡天只是LAMOST正式巡天前测试和改进LAMOST仪器性能的测试巡天，即便这样，研究人员依然从LAMOST先导巡天获得的光谱数据中发现了近200颗碳星，这增强了研究人员利用后续数据寻找碳星以及进一步增加碳星样本数量的信心，也为后续工作的开展积累了宝贵的经验。

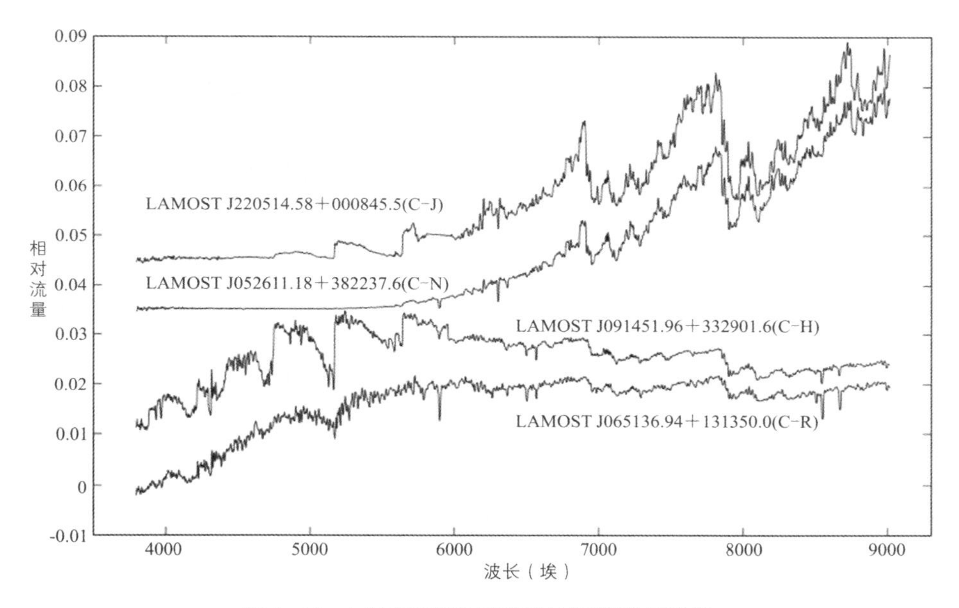


**图6-12** LAMOST先导巡天拍到的碳星光谱

## ③ 我们的家园

“纤云弄巧，飞星传恨，银汉迢迢暗度。”唐朝诗人秦观的《鹊桥仙》描绘了牛郎与织女的故事：轻柔多姿的云彩，变化出许多优美巧妙的图案，显示出织女的手艺何其精巧绝伦。可是，这样美好的人儿，却不能与自己心爱的人共同过上美好的生活。飞星传恨，那些闪亮的星星仿佛都传递着他们的离愁别恨。在夏末秋初的夜晚，如果人们仰望晴朗的夜空，很容易在头顶的天空中认出织女星和牛郎星，在它们中间有一条像云彩似的白色条带，那就是“银河”。传说中银河是王母娘娘用金簪划出的。银河，在中国古代也称为“天河”“天汉”“银汉”。在古代星图中，银河边上还设有天河的渡口，叫“天津”。

## 无水的河流

银河在整个星空中形成一个圆环。对于北半球的人来说，除了南天极附近的小区域外，一年四季都能看到银河的不同部分。在夏秋季的夜晚，可以看到从天鹅座、天琴座、天鹰座直到人马座和天蝎座这一段最壮观的银河；而在冬春季的夜晚，看到的则是从仙后座、英仙座、御夫座、双子座直到猎户座和大犬座等处的一段十分暗淡的银河。

大约400年前，意大利天文学家伽利略借助自己发明的天文望远镜，看清了银河确实是由众多的星星组成的。银河实际上既没有“天津”，也不会有“鹊桥相会”，它是一条由无数星星造就的“无水的河流”。我们都知道，银河是由众多的星星组成的，那么，为什么银河在天空中是一个完整的圆环？为什么银河在夏秋看起来明显，而在冬春看起来暗淡得多？

想象一下，我们处在一张巨大的馅饼中，每一颗面粉颗粒就是一颗星星，当我们向四面望去时，会看到一个完整的圆环，这就相当于银河。由于我们处在馅饼中间，无法看到馅饼的全貌，只能看到附近的情况。

当然，科学家们不是简单地看看就算了。在200年前，以发现天王星而著称的英国天文学家赫歇尔通过天文望远镜，将全天的星星认认真真地数了一遍，分析哪些地方星星多一些，哪些地方星星少一些，最后的结论是绝大多数星星都集中在一个扁平的盘状区域里，这就是我们的银河系。然而，那时人类还不知道银河系有多大，并且认为太阳是在银河系的中心处。

直到150年前天体物理学诞生以后，人类对天体的了解才越来越深入，找到了“造父变星”等作为“量天尺”，从而掌握了对各种星团的距离进行测量的办法。美国天文学家沙普利测量了60多个球状星团的距离，发现这些球状星团不是以太阳为中心分布的，而是以另一个地方为中心的，他由此得出了银河系的大小以及太阳离开银河系中心的距离。沙普利的研究表明，太阳不是位于银河系的中心，这是继哥白尼之后对“人类中心说”的又一次沉重打击。

经过天文学家的不断努力，人类对银河系的了解越来越深入。目前的测量结果是：银河系的直径为10万光年，太阳距离银河系中心3万光年。而银河系是由中心附近的球体（核球）、外面的盘状结构（银盘）和四周的稀疏星体（银晕）组成的，核球中有一个大质量黑洞。银河系中绝大部分的恒星都集中在核球和银盘上（如图6-13所示）。由于太阳几乎位于这个盘的中心平面，并

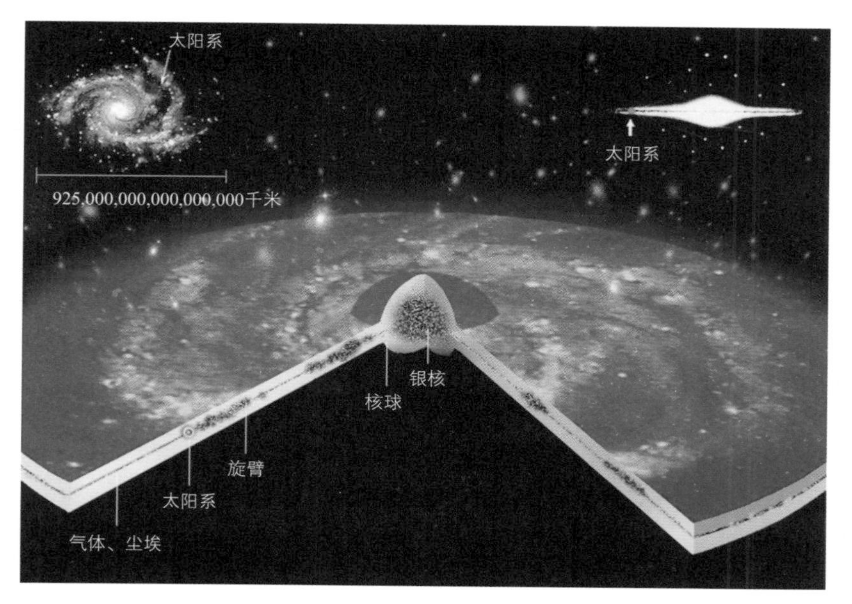


图6-13　银河系的结构和太阳的位置

且更趋向于盘的外边缘而不是盘的中心，因此我们看到的只是盘的侧面。

2013年，美国天文学家利用LAMOST发布的数据，研究了位于银河系盘上的大量恒星的运动速度，发现它们在银河系的半径方向和垂直于银盘的方向，都存在不对称的运动结构，从而揭示了银河可能被外部的扰动所搅动，从而发生垂直于盘方向上的干扰。随后，中国天文学家研究了一批位于太阳附近的恒星的运动特征，发现了不对称的运动结构。科学家推测这可能是由于中央旋转的棒或者旋涡结构的干扰，或者是有矮星系并合作用的影响。

2014年，中国天文学家利用LAMOST发布的数据，依据光谱特征选出了大批量的恒星，通过缜密的计算，研究了这些恒星距离我们有多远、它们的金属（化学）成分是怎样的。

2015年，天文学家们利用LAMOST发布的数据研究了位于银河系盘上的恒星的共同运动特征，描绘了群星共同起舞的图像，揭示出了空间上保持一致的大尺度上存在的恒星流动。同时，在银河系的盘上，他们还发现存在不规则的扰动现象，如波纹及断层。同年，中国科学家利用LAMOST发布的一批主序矮星的样本数据，研究了位于太阳附近的恒星速度分布。除了验证一些已知的银河系内的子结构，如Sirius、Coma Berenices、Hyades-Pleiades，还发现了一些新的像波纹一样的子结构，并发现这些结构可能与银河系中心的棒状结构相关。

## 孤独的“旅行家”

超高速星，顾名思义是一种速度很大的恒星，它们离开诞生地后经过几千万或上亿年的飞行，能够摆脱引力的束缚从银河系“逃离”。接下来，它们还会继续自己孤独而未必寂寞的极速之旅，一路奔向宇宙深处。同时，它们也像其他恒星一样在这个过程中逐渐演化，直到生命的终点。

超高速星是恒星动力学专家杰克·希尔斯（Jack Hills）1988年在发表于《自然》杂志的一篇论文中预言的，它们被用来证实银河系中心超大黑洞的存在。现在的观测已经确认，银河系中心有一个质量为太阳400万倍的超大黑洞。当一对在引力作用下相互绕转的恒星（双星系统）运行到这个中心黑洞附近的时候，黑洞巨大引力产生的潮汐作用能把这对恒星拉开。其中一颗被黑洞俘获，绕着黑洞运行，另外一颗则以很高的速度被抛出，向外运行，仿佛从中心被弹射出来。后者就是超高速星，它的初始速度能达到每秒上千千米。有理论预言，大约平均每10万年就会从银河系中心黑洞附近弹射出一颗超高速星。

**图6-14** 超高速星逃离银河系（想象图）

正因为超高速星可能起源于银河系中心的超大质量黑洞附近，研究这类恒星能够帮助我们了解黑洞附近的情况，比如周围的环境、恒星的形成和质量分布、黑洞的演化等。同时，超高速星在离开银河系中心向外运行的过程中，会受到银河系不同部分的引力作用，尤其是暗物质晕的引力作用，所以研究超高速星的运动速度和轨迹，还能帮助我们了解银河系暗物质晕的性质和暗物质的分布。

2005年是超高速星研究历史上浓墨重彩的一年，美国天文学家布朗利用SDSS的光谱数据证认蓝水平分支星时，意外发现了第一颗大质量超高速星——天文学家在杰克·希尔斯预言超高速星后的第17年，终于捕获到了这种具有极高研究价值且非常稀少的恒星。在这一年，更加值得一提的是，两位德国天文学家先后从亚矮型O型和B型星样本中发现了两颗大质量超高速星。这3颗超高速星的发现，将超高速星的数量在一年内增加到3颗，经过3位天文学家的仔细研究，这3颗星都被认为是双星系统与银河系中心超大质量黑洞相互作用产生的。在接下来的10年里，第一颗超高速星的发现者布朗在这方面做了很多工作。到目前为止，人们已确认了超过20颗这样的大质量、起源于银河系中心的超高速星。与此同时，小质量超高速星也受到了国内外天文学家的高度关注，美国的两个研究团队先后在SDSS的光谱数据中发现了超过20颗小质量超高速星候选体。中国国家天文台的研究人员2012年在SDSS的光谱数据中也发现了13颗小质量超高速星候选体。这项研究成果引起了国内天文学家对超高速星的研究热情，并获得了2011年度“中国十大天文学科技进展奖”。

2014年4月中旬，美国天文学家使用LAMOST光谱数据发现了

**图6-15** 天文学家利用LAMOST的数据发现的距离地球最近的超高速恒星（想象图）

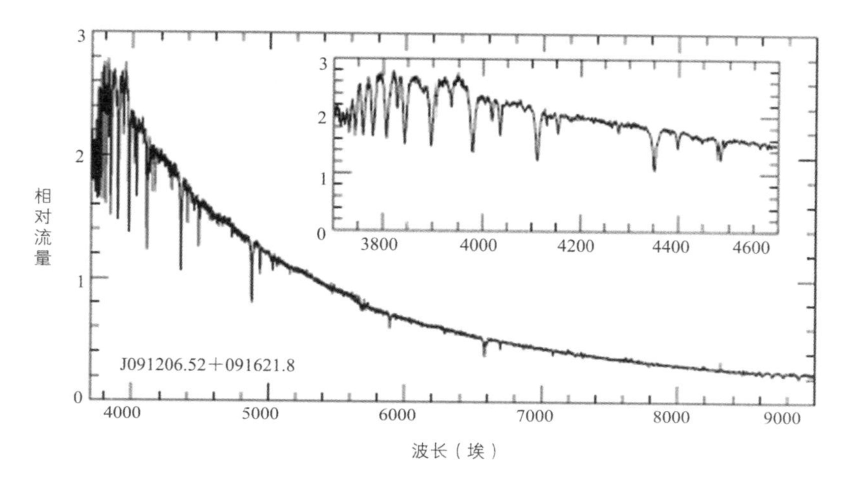


**图6-16** 美国天文学家在LAMOST光谱中发现的超高速星光谱

一颗大质量超高速星。这是迄今为止发现的距地球最近的超高速星，它正以每小时超过170万千米的速度逃离银河系的中心。此次发现的超高速星是个大块头，质量大约是太阳的9倍，距离太阳大约4万多光年，距离银河系中心大约6万多光年。虽然其光度（即发光强度）比太阳要高约3400倍，但由于距离遥远，它实际比我们肉眼能看到的最暗的星星还要暗630倍。不过，它是所有已经发现的超高速星中离我们最近的，在亮度上排名第二，借助一台小型望远镜就可以看到它，这非常有利于对它进行更为细致的观测和研究。这颗超高速星相对于我们（太阳系）的速度是每秒620千米，相对于银河系中心的速度是每秒477千米。换算一下，后面这个速度也就是每小时170万千米，比飞机快约1600倍。如果我们以这个速度飞行，90秒就能环球旅行一次，不到一刻钟就能完成奔月。

2014年，中国天文学家利用LAMOST正式巡天第一年的光谱数据，发现了28颗光谱型分布范围广泛的超高速星候选体列表，其中12颗是大质量恒星，16颗是小质量恒星。这是国内外天文学家第一次利用LAMOST数据给出的超高速星候选体列表，他们的研究成果显示出LAMOST在搜寻各种类型的超高速星候选体方面具有巨大的潜力。

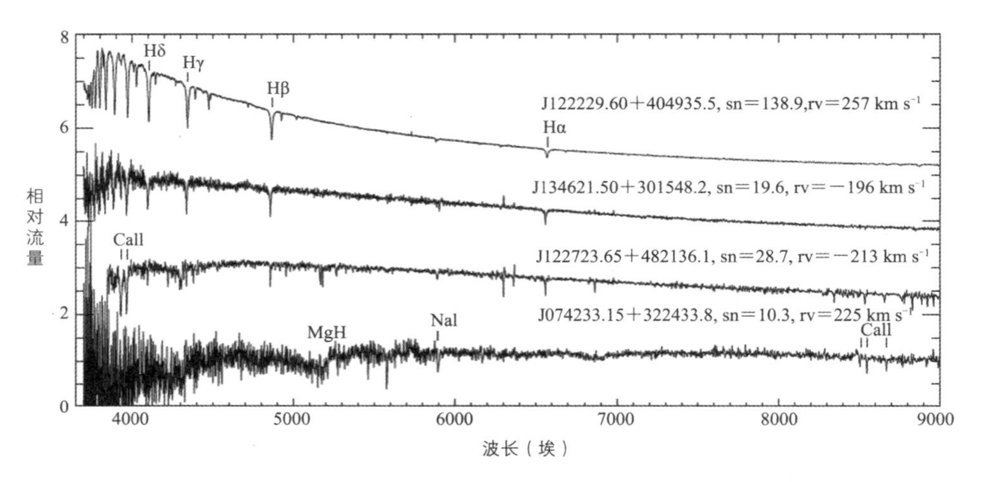


**图6-17** 中国天文学家发现的超高速星候选体光谱

2015年，中国两个研究团队合作搜寻和研究小质量超高速星，此次他们将研究的重点聚焦在小质量超高速星的搜寻上。根据现有理论可以推测出小质量超高速星的数量应该是大质量超高速星的10倍，那么：小质量高速星的数量有多少？是否是大质量超高速星的10倍？如果不是，应该怎样修正现有的理论？带着这些疑问，这两个研究团队在LAMOST正式巡天的数据中找到了19颗F、G和K型超高速星候选体，他们计算了这些候选体的大气参数、距离和速度等参数，分析了它们从银河系逃逸的概率以及可能的诞生地等。这些超高速星候选体的发现进一步证实了LAMOST在搜寻银河系特殊恒星，特别是超高速星方面的潜力和能力，同时也在很大程度上扩大了小质量超高速星的样本。

截至LAMOST第二年正式巡天结束，已经获得了超过400万组光谱数据。随着越来越多恒星光谱的获得，我们有理由相信数量更多的大质量早型超高速星会被继续发现。此外，希望在未来几年内，LAMOST能够捕获仅凭视向速度就能够从银河系逃逸的小质量超高速星，这类超高速星的发现极其重要，将对研究超高速星的产生机制等起到重要的作用。

## 星星的“摇篮”

1758年8月28日晚，一位名叫梅西耶的法国天文学爱好者在搜索彗星的观测中，突然发现一个在恒星间的云雾状斑块。这块斑形态类似彗星，但它在恒星之间没有位置变化。根据经验，梅西耶确定它肯定不是彗星，可那是什么天体呢？在没有揭开答案之前，梅西耶将这类发现（截止到1784年，共有103个）详细地记录下来，并将它们命名为“Mx”（“M”是梅西耶名字的首字母，“x”是天体编号）。1781年，梅西耶发表了他的天体记录表——《梅西耶星表》，这引起了著名天文学家赫歇尔的高度关注。经过长期观察，赫歇尔将这些云雾状的天体命名为星云。

由于早期望远镜分辨率不够高，河外星系及一些星团看起来呈云雾状，因此把它们也称为星云。后来，随着天文望远镜的发展，才把原来的星云划分为星团、星系和星云三种类型。星云常根据它们的位置或形状命名，例如：猎户座大星云、天琴座大星云。

星云包含了除行星和彗星外的几乎所有延展型天体，主要由氢和氦两种元素构成，还含有一定比例的金属元素和非金属元素以及有机分子等物质。星云里的物质密度是很低的，每立方厘米包含10—100个原子，这比实验室里得到的真空还要低得多。然而，星云的体积十分庞大，直径常常达几十光年。因此，一般星云的质量要比太阳大得多，一个普通星云的质量至少相当于上千个太阳，半径大约为10光年。

从发光性质角度来看，星云可以分为发射星云、反射星云和暗星云。

发射星云是受到附近炽热光亮的恒星激发而发光的，这些恒星所发出的紫外线会电离星云内的氢气（HⅡ区），令它们发光。发射星云能辐射出各种不同色光的游离气体云，造成游离的原因通常是来自邻近恒星辐射出来的高能量光子。星云的颜色取决于化学组成和被游离的量，由于星际气体绝大部分是游离的氢，所以许多发射星云都是红色的。如果有更高的能量能造成其他元素的游离，则有可能出现绿色和蓝色的星云。经过对星云光谱的研究，天文学家可以推断星云的化学元素，大部分的发射星云都有90%的氢，其他则是氦、氧、氮等元素。

反射星云是靠反射附近恒星的光线而发光的，由于散射对蓝光比对红光效率更高，所以反射星云通常都是蓝色的。反射星云只是由尘埃组成，单纯地反射附近恒星或星团光的云气，这些邻近的恒星没有足够的热让云气像发射星云那样因被电离而发光，但有足够的亮度可以让尘粒因散射光而被看见。因此，反射星云显示出的频率光谱与照亮它的恒星相似。

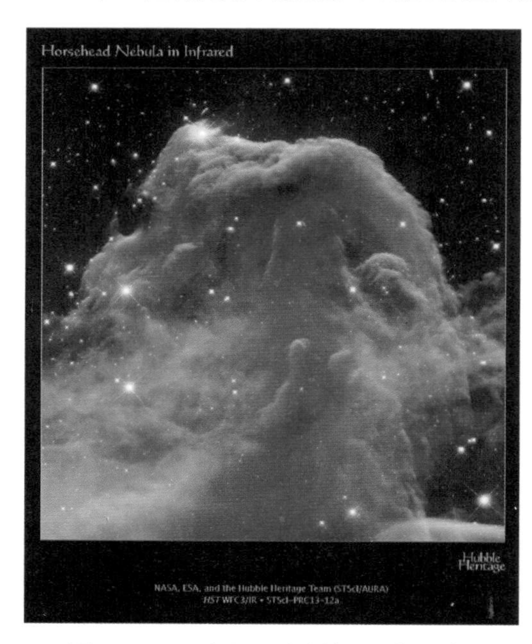

**图6-18** 马头星云（哈勃望远镜图像）

如果气体尘埃星云附近没有亮星，那么星云将是黑暗的，即为暗星云。暗星云既不发光，也没有光供它反射，但是却能吸收和散射来自它后面的光，因此可以在恒星密集的银河中以及明亮的弥漫星云的衬托下被我们发现。暗星云的密度足以遮蔽来自背景的发射星云或反射星云的光（比如马头星云），或是遮蔽作为背景的恒星。

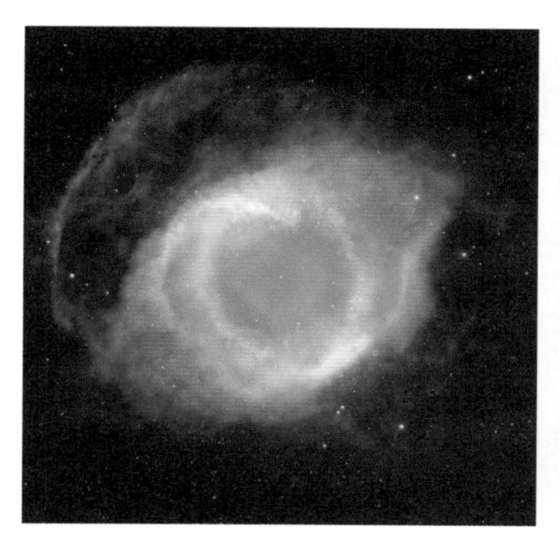

**图6-19** NGC 7293螺旋星云（哈勃望远镜图像）

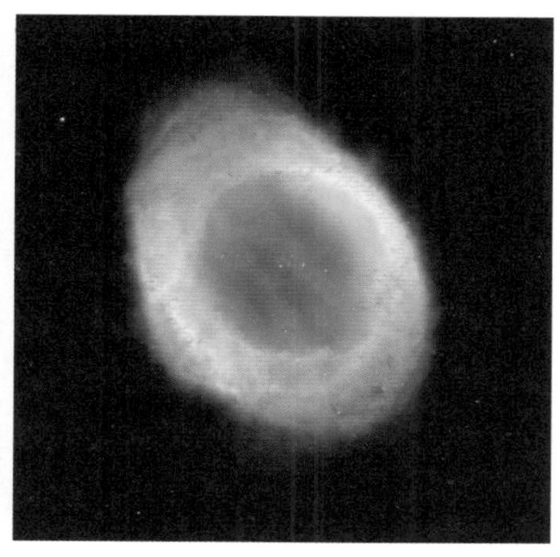

**图6-20** M57环状星云（哈勃望远镜图像）

从形态上，星云又可以分为弥漫星云、行星状星云、超新星遗迹和双极星云。

**图6-21** 双极星云PN Hb 12（哈勃望远镜图像）

弥漫星云正如它的名称一样，没有明显的边界，常常呈现不规则形状，犹如天空中的云彩。一般得使用望远镜才能观测到它们，很多只有用天体照相机作长时间曝光才能显示出它们的“美貌”。它们的直径在几十光年左右，主要分布在银道面附近。比较著名的弥漫星云有猎户座大星云、马头星云等。弥漫星云是星际介质集中在一颗或几颗亮星周围而形成的亮星云，这些亮星都是形成不久的年轻恒星。

行星状星云呈圆形、扁圆形或环形，有些与大行星很相像，因而得名，但它们和行星没有任何联系。行星状星云的样子有点

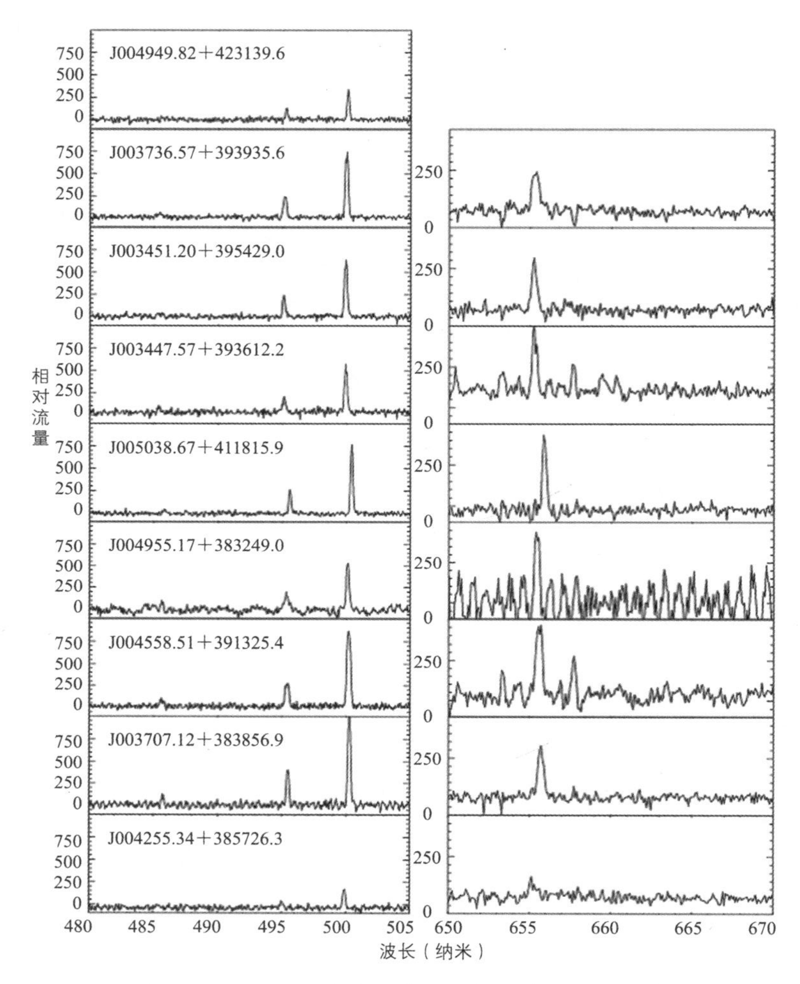


**图6-22**　中国天文学家发现的行星状星云的光谱

像吐出来的烟圈，中心是空的，而且往往有颗恒星在行星状星云的中央，称为行星状星云的中央星，那是正在演化成白矮星的恒星。中央星不断向外抛射物质，形成星云。可见，行星状星云是恒星演化的晚期，是与太阳差不多质量的恒星演化到晚期，核反应停止后走向死亡时的产物。这类星云与弥漫星云在性质上完全不同，星云的体积处于不断膨胀之中，最终会消散。行星状星云的“生命”是

十分短暂的，通常这些气壳会在数万年之内逐渐消失。

超新星遗迹也是一类与弥漫星云性质完全不同的星云，它们是超新星爆发后抛出的气体形成的。与行星状星云一样，这类星云的体积也在膨胀之中，最后趋于消散。最有名的超新星遗迹是金牛座中的蟹状星云。它是由一颗在1054年爆发的银河系内的超新星留下的遗迹。天文学家在这个星云中央发现了一颗中子星，但因为它体积非常小，用光学望远镜看不到，天文学家通过无线电波辐射发现了它，并在理论上确定它为中子星。

双极星云的特征是有着独特的波瓣形成轴对称的星云。许多（但不是全部）行星状星云在观测上展现出双极的结构。目前还不知道其确切的成因，天文学家推测它可能来自一种称为双极逸流的物理过程，即恒星将高能量的粒子抛出成为流束，由两极向外流出的现象。一种理论认为这些流出物会与环绕在恒星周围的物质碰撞。

中国天文学家利用LAMOST早期测试巡天的数据，在仙女座星云的外盘发现了36个行星状星云，其中17个是新的发现，19个是前人已经证认的行星状星云，这反映出LAMOST在探索行星状星云方面具有强大的能力。随着正式巡天的逐步展开，我们有理由相信LAMOST将发现更多的行星状星云，并快速增加这类特殊天体的数量。

### 共舞的恒星

移动星群是由奥林在20世纪60年代首先提出的，它们是有着相似年龄、金属量和运动速度的一群恒星，在空间上弥散但具有相似运动学特性的恒星集合。因此，在移动星群中的恒星可能几乎是在同一时间从同样的气体云中形成的，但它们组成的星团随即就被潮汐力打乱了。

多数恒星是从拥有数十颗到数十万颗成员的星协或星团中形

成的。这些星协和星团会随着时间的流逝而失去一些组织松散但性质相近的成员，成为移动星群。有些移动星群很年轻，比如剑鱼座AB移动星群大约为5000万年，有的则很老，比如HR 1614移动星群已经有20亿年。

按照形成机制，移动星群可以分为两类：一类来自星团的蒸发或银河系吸积并合矮星系的残骸，这类移动星群被称为共同起源的移动星群，它们的成员星具有相同的年龄、化学组成和运动学性质；另一类由银河系中心棒或银河系旋涡结构长期作用产生，这些移动星群被称为动态的移动星群。

探测移动星群及其起源对于理解银河系的形成、结构和演化具有重要意义。宇宙的冷暗物质模型预示银河系存在着吸积和并合过程，这些过程会产生一些具有共同起源的移动星群，因此移动星群可以为冷暗物质模型提供强有力的观测证据。同时，动态移动星群的研究则可以帮助天文学家理解银河系棒以及旋涡结构的性质，但是由于移动星群成员星受到众多场区恒星的“污染”，探测非常困难，往往需要有可靠视向速度、距离等数据的大样本和先进有效的探测方法。

国家天文台研究人员利用LAMOST正式巡天第一年的光谱数据，建立了一个包括银河系厚盘及银河系晕的恒星的样本。研究人员在这个样本中进行小波分析时，发现速度空间中存在一些子结构，他们使用蒙特卡洛模拟实验，发现其中三个结构具有很高的可信度（V1, V2, V3），其中V3是一个新发现的移动星群候选体。通过分析金属丰度和离心率，可以判定这个星群是来自银河系吸积并合的一个晕流。目前已经发现的移动星群大多数是动态形成的，且位于薄盘，厚盘和银晕中的移动星群相对较少。2015年，该研究团队在LAMOST第二年巡天数据中超过6万个贫金属F、G和K型矮星样本中发现了9个银河系晕中移动星群候选体，其中3个是之前已经发现的移动星群，6个是新发现的。同一年，国家天文台其他研究团队利用LAMOST第二年及部分第三年数据，在金牛座的东边发现了一个主序前移动星群，该星群由42个前主序星构成，其中40个是此次研究工作中新发现的。这些研究工作充分展示了LAMOST探测移动星群的能力。可以预见，随着LAMOST巡天工作的进一步深化，更多人们还未知的移动星群将被发现，新的研究成果将帮助天文学家深入地研究和理解银河系形成和并合的历史。

## ④ 星系的生命旅程

离银河系最近的巨大星系仙女座星系和银河系一样，都是由上千亿颗恒星组成的。银河系的总质量是上千亿个太阳质量。在所有的星系中，银河系只不过是个中等个头和中等质量的星系。从尺度上说，小星系的直径只有3000光年，而大星系的直径可以达到50万光年。从质量上说，小质量星系只有100万个太阳质量，而大质量的星系可以达到10万亿个太阳质量。

### 邻家仙女

一般认为，银河系的外观与仙女座大星系十分相像。仙女座星系距离银河系250万光年，直径约为22万光年，是人类肉眼可见的最遥远的天体。图6–23所示是仙女座星系，图片中被局部放大的区域，是美国天文学家对这张图片进行分析后发现的大量罕见的蓝色恒星。仙女座星系在《梅西耶星表》中的编号是M 31，在《星云星团新总表》中的编号是NGC 224。

仰望夜空，在仙女座的3颗亮星中，顺着中间的一颗垂直向上有两颗较暗的星，在远的那颗暗星的旁边可以看到一个模糊状的天体，那就是仙女座大星云，在北半球的人们可以很容易地看到它。而在南半球的人们，则可以用肉眼看到“大麦哲伦云”和“小

## 知识链接

- **梅西耶星表** 《梅西耶星表》收录了梅西耶天体（Messier object，又名梅西叶天体），是由18世纪法国天文学家梅西耶所编，共收录110个天体，其中有星系、星云和星团。
- **星云星团新总表** 《星云星团新总表》（*New General Catalogue*，简称NGC）共有7840个天体，这些天体被称为NGC天体。NGC是最全面的天体目录列表之一，它包括了所有类型的深空天体（并非只包括星系）。

**图6-23** 仙女座星系（HST图像）

麦哲伦云”，它们是航海家麦哲伦在进行环球航海的过程中，到达南半球时发现的。

这些星云都是云雾状的，直到天文学家开始有办法确定恒星的距离后，才证实了仙女座大星云远在银河系之外。

100多年前，天文学家开始用视差方法确定一些恒星的距离。视差方法的原理和我们用两眼辨别物体远近一样，人类利用两眼看到的景物差别来确定距离。当然，天文学家的两只“眼睛”相距3亿千米，这是利用了地球绕太阳公转的规律。针对某颗恒星，天文学家先拍一张照片，过半年以后再对它拍一张照片，这时地球已绕太阳转了半圈，相距为3亿千米。比较两张照

片，那些近的恒星相对于其他恒星会有微小的移动，天文学家就根据这个微小的移动来确定恒星的距离。越远的恒星，其移动越小。若这个移动量是一角秒，也就是一度的1/3600时，恒星的距离约为3.26光年，天文学家把这个距离称为“秒差距”。

哈勃利用当时世界上最大的望远镜拍摄了仙女座大星云的照片，星云的外围已被分解为恒星。通过仔细观测，哈勃发现了星云中的“造父变星”，从而精确地测定了仙女座大星云的距离，证明了仙女座大星云远在银河系之外。

我国天文学家曾将LAMOST聚焦于仙女座星系，并且利用观测得到的光谱数据，详细研究了它的一些物理特性。鉴于仙女座星系距离我们足够近也足够大，我们能够看到它的细节，因而我们可以对准仙女座星系这个大旋涡星系的不同部位进行探测。研究发现，位于核球内的恒星的动力学特征显示其中随机运动占了上风，而位于盘上的恒星则表现出较强的旋转特征；它的核球大约形成于120亿年以前，而盘则相对年轻，有些位于旋臂上的某些区域内的恒星大约只有10亿年。这些更富青春活力的恒星拥有更丰富的金属元素，并遭受了更严重的星际吸收（消光）。

前文提到，我们在银河系搜寻超高速星的工作中已经取得了令人瞩目的成果，而仙女座星系离我们比较近，我们是否可以搜寻到来自它的超高速星？这些问题，都是天文学家在未来需要努力攻克的难题。

## 婀娜多姿的星系

在宇宙中，除了类似仙女座星系的旋涡星系外，还有很多其他形态的星系。为了研究方便，天文学家根据星系的形态将星系分为旋涡星系（spirals）、棒旋星系（barred spirals）、椭圆星系（ellipticals）和不规则星系（irregular）等，如图6-24所示。不同类型的星系大小差异很大，椭圆星系直径在3300光年到49万光年

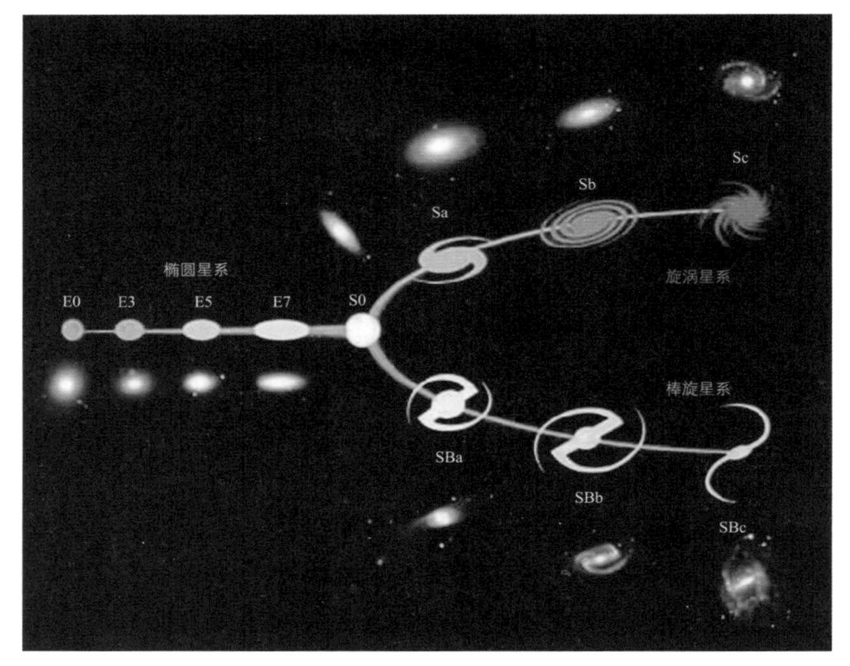


图6-24　星系的形态分类

之间；旋涡星系直径在1.6万光年到16万光年之间；不规则星系直径大约在6500光年到2.9万光年之间。

**旋涡星系**　以字母S表示。它们的外形呈旋涡结构，并且有明显的核心，位于核心球外的是一个薄薄的圆盘，伴有几条旋臂。通常用下标a、b、c表示星系核球的大小和旋臂缠绕的松紧程度。旋涡星系的核心部分，也就是核球部分，是很对称的球体或椭球体，由相对年老的恒星组成。而旋臂上则主要是年轻的恒星，因此，大部分旋涡星系的核心颜色偏红，而旋臂的颜色偏蓝。如图6-25是几个旋涡星系的图像，左边是Sa型旋涡星系NGC 3623（M 65），它位于狮子座，其核球相对较大，旋臂缠绕较紧；右边是Sb型旋涡星系NGC 3627（M 66），它也位于狮子座，相对于左边的Sa型旋涡星系，它的核球变小，旋臂变得更松散。

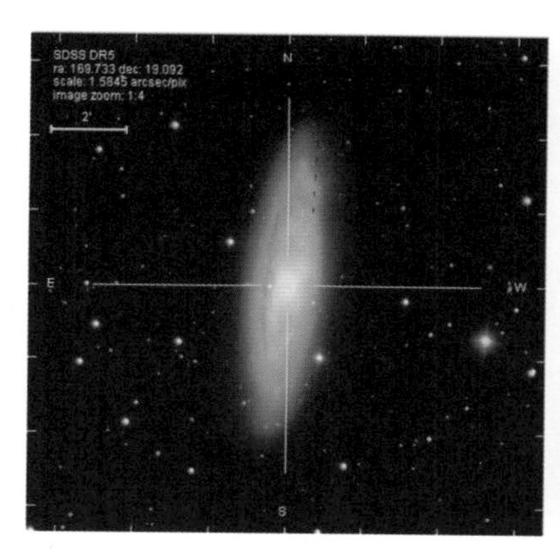


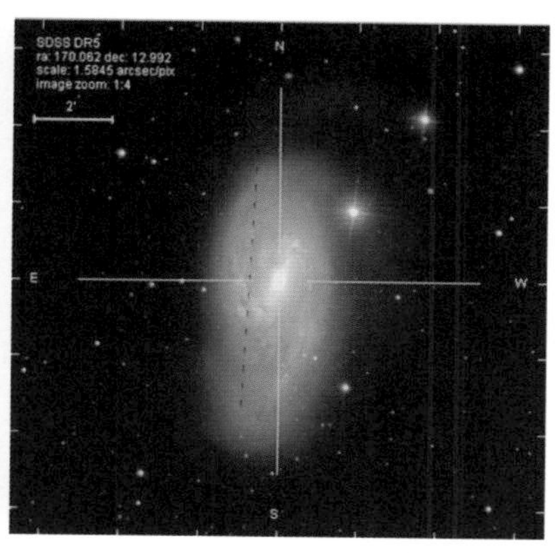


**图6-25** Sa型旋涡星系NGC 3623（M 65，左）、Sb型旋涡星系NGC 3627（M 66，右）（SDSS图像）

**棒旋星系** 有的星系不仅有旋臂，而且其核心部分更像是一根棒，中心棒是恒星聚集形成的，这种星系被称为“棒旋星系”，也因其旋臂的松紧程度分为SBa、SBb和SBc三种类型，其中SB的意思是棒旋星系。图6-26展示了几个棒旋星系的图像，其中左图为SBb型棒旋星系NGC 3351（M 95），它位于狮子座，它的核球相对较大，旋臂较紧；右图是SBc型棒旋星系NGC 3992（M 109），它也位于狮子座，它的核球变小，旋臂也变得更松散。

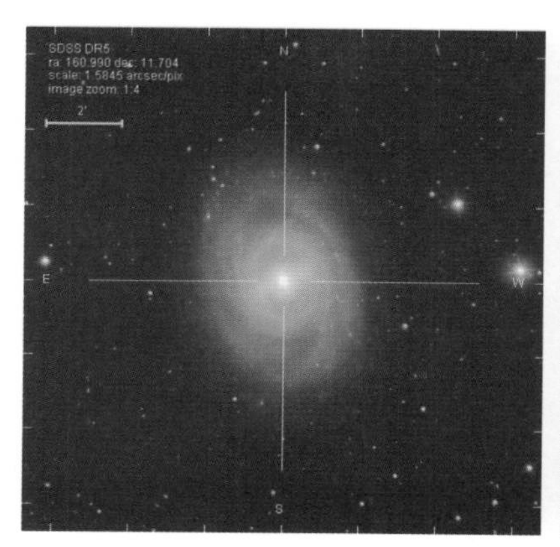


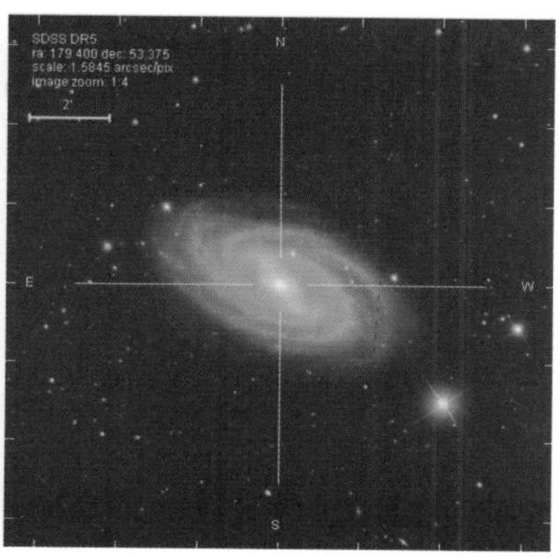


**图6-26** SBb型棒旋星系NGC 3351（M 95，左）、SBc型棒旋星系NGC 3992（M 109，右）（SDSS图像）

在天空里，我们可以看到各式各样的旋涡星系。有的面向我们，有的侧向我们；有的像车轮，有的像草帽。它们通常有两条明亮的旋臂，少数星系有三条以上的旋臂。旋臂是由年轻的恒星、气体和尘埃等物质组成的。一些侧向的旋涡星系的中间有一条明显的黑带，这是星系盘中间的尘埃造成的。现在一般多用林家翘等提出的“密度波理论”来说明旋臂的形成。关于旋涡星系的形成问题，一般认为，在宇宙的早期，原始星系云在收缩的过程中，诞生了第一代恒星。在星系中心，由于恒星的密度高而收缩得更快，形成了差不多为球形的星系核。而星系外围的恒星由于星系旋转的离心力而无法进一步收缩，最后形成星系盘，在盘上的恒星等物质又形成了旋臂。

**椭圆星系** 这类星系没有旋臂，只是一个十分对称的椭球体，它们通常没有或仅有少量气体和尘埃，其中年轻的恒星很少，多是年老的、属于星族Ⅱ的恒星。椭圆星系里没有主导的绕轴自转，弥散运动强度大于旋转运动。根据椭圆星系的形态，可分为E0到E7八种类型，其中E0型是正圆形的，而E7型是扁平状的。图6-27列举了两种典型的椭圆星系图像，其中左图是取自

**图6-27** E0型椭圆星系NGC 4552（M 89，左）、E6型椭圆星系NGC 3377（右）（SDSS图像）

SDSS的E0型椭圆星系NGC 4552（M 89），距离我们6000万光年，直径约15万光年，它的形状相对更圆；右图是取自SDSS的E6型椭圆星系NGC 3377，它的形态相对更扁。

**透镜星系**　透镜星系是椭圆星系与旋涡星系、棒旋星系之间的过渡状态的星系，分为S0型和SB0型。透镜星系是圆盘星系（像旋涡星系或棒旋星系），已经用尽或丢失了大部分的星际物质，并且只有少量的恒星形成在进行中的星系，以老化的恒星为主（像椭圆星系）。

**不规则星系**　还有相当一部分星系的形态是不规则的，没有明显的核和旋臂，没有盘状对称结构或者看不出有旋转对称，被称为“不规则星系”，用Irr表示。像大麦哲伦云（LMC）和小麦哲伦云就是不规则星系。LMC是距离我们第二近的星系，直径约为银河系的二十分之一。图6-28中左图是ESO观测的LMC图像，右图是SDSS观测的不规则星系NGC 3034（M 82）的图像，它位于大熊星座。

**图6-28**　不规则星系大麦哲伦云（左，ESO图像）、NGC 3034（M 82，右，SDSS图像）

上述这种星系分类方法是美国天文学家哈勃在20世纪20年代对大量的星系进行观测后提出的，现在已经发展成为星系形态的标准分类法。由于这种分类方法形状像极了音叉，所以这种方法又被天文学家形象地称为“哈勃音叉图”（见图6-24）。

星系从形态上可以分为形形色色的种类，它们的光谱特征是否也有明显的差别？LAMOST从2011年开始先导巡天，到2014年上半年，观测并发布的星系光谱接近4万条，针对这批星系光谱的科学研究也已取得了进展。

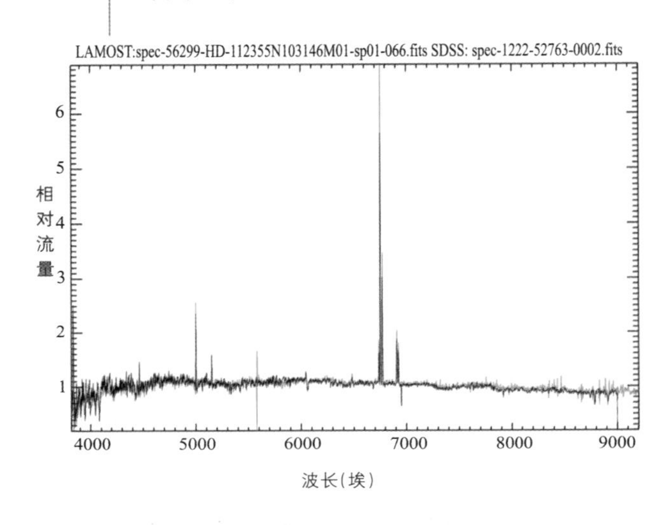


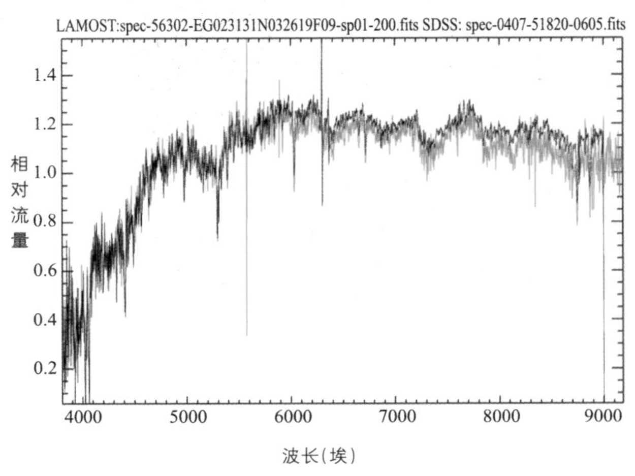


**图6-29** 一个旋涡星系（上）和一个椭圆星系（下）的光谱，图中黑色的是LAMOST拍摄的光谱，红色的是SDSS拍摄的对应星系光谱

我国天文学家利用LAMOST观测的光谱数据，详细分析了几种不同类型星系的物理特性。天文学家详细分析了射电强的活动星系核（LAMOST J1131 + 3114）的发射线特征，它的光谱表现出不对称的谱线轮廓，通过多高斯函数的拟合，研究人员详细分析了这个类星体的不同区域的谱线激发机制。

此外，一些天文学家还利用LAMOST在南银冠小天区的观测样本，获取了65个红外光度（红外波段的积分流量）高于$10^{11}$倍太阳光度的星系，这类星系被统称为“亮红外星系”。这类星系的红外

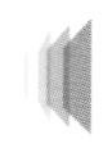

光度通常被认为是由来自活动星系核或星暴加热的尘埃贡献的。很多研究表明，这类星系处于并合的星暴与经典的光学活动星系核之间的阶段。随着红外光度的增高，星系间的相互作用和并合现象也更普遍。

既然星系是由恒星组成的，那么不同形态类型的星系又是由哪些类型的恒星组成的？前文已经提到，恒星既有处于暮年的，也有新生的，那么它们又是怎么分布在不同类型的星系中的呢？我国科学家利用LAMOST发布的星系光谱，结合SDSS的光谱，利用两种不同的方法，研究了构成星系的恒星（星族成分分析）的情况。研究结果证实，椭圆星系是由相对年老的恒星组成的，而旋涡星系则由较年轻的恒星组成，并且在光谱中可以看到很明显的发射线（强度高于周围局部区域）特征，说明这类星系中同时拥有较多的星际气体和尘埃。显然，科学家可以通过光谱了解更细节的信息，诸如化学丰度、运动速度、温度等，而不仅仅局限于通过图像看到的星系的外在形态特征。

近期，我国天文学家利用LAMOST观测，发现了70个星暴后星系，这类星系光谱表现出极强的巴尔末吸收线特征（符合A型

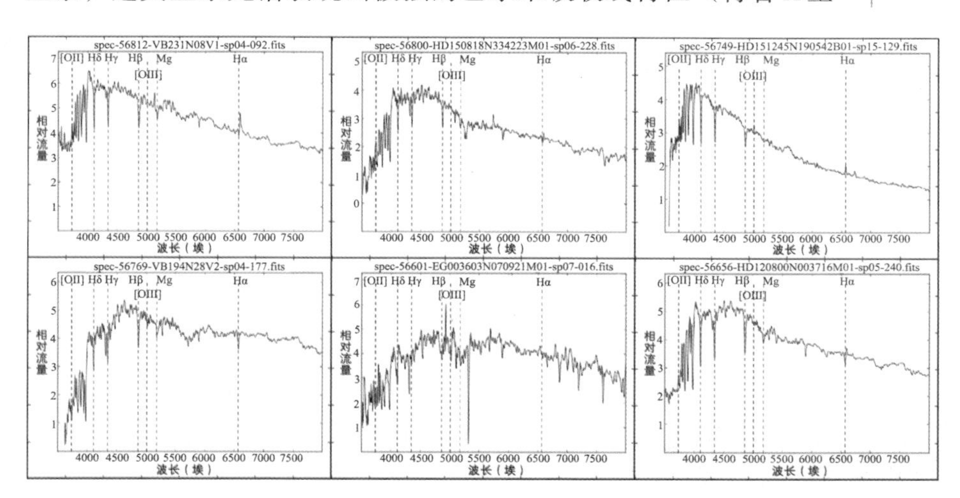


图6-30　星暴后星系光谱

恒星的光谱特征），同时光谱中没有或者有极弱的发射线（符合椭圆星系E的光谱特征），故而这类星系又被称为“E＋A星系”，如图6-30所示即为LAMOST观测到的一条星暴后星系的光谱。研究人员通过分析它们的光谱，详细分析了这类星系里存活着的恒星的生命体征，发现其由中老年恒星主导，金属丰度方面则由相对富金属的恒星主导。

星系成员也是多种族的，除了前面所提到的，还有一些较特殊的类型。20世纪40年代，天文学家们发现了一批具有很强的核心辐射的蓝色星系，叫作赛弗特星系（Seyfert）。20世纪五六十年代，又发现了具有强烈射电辐射的射电星系（射电波段的积分流量）。这些特殊星系又被归为“活动星系核”的一部分。

## 不甘寂寞的活动星系

我们前面讨论的星系，除了有积集恒星和气体的活动外，很少有其他的活动，但是，天文学家发现在一小部分观测到的星系中，除了普通星系的性质外，还有很强烈的活动——星系核里的高能事件。这类星系被称作“活动星系核”。有关活动星系核的认识改变了我们的宇宙观：某些星系宁静的样子只是一种表面现象，在它们的深处，却隐藏着“烦恼”和“忧虑”。目前，天文学家已发现的活动星系，既有具有亮核的旋涡星系——赛弗特星系，又有具有亮核的椭圆星系——蝎虎天体等。

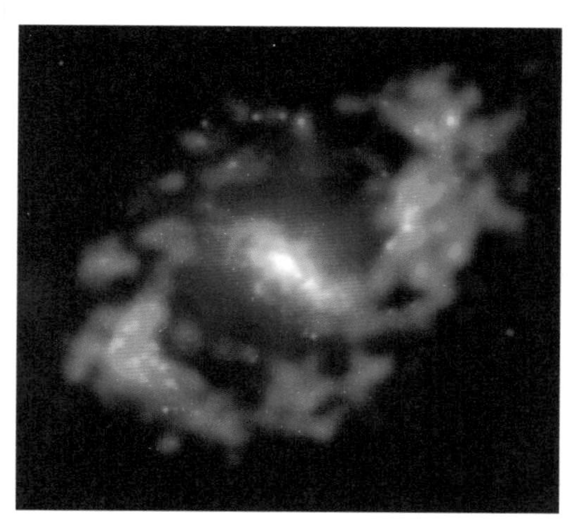

图6-31　赛弗特星系NGC 4151

**赛弗特星系**　对一个赛弗特星系短时间曝光所得到的照片，会展示一个非常亮的中心

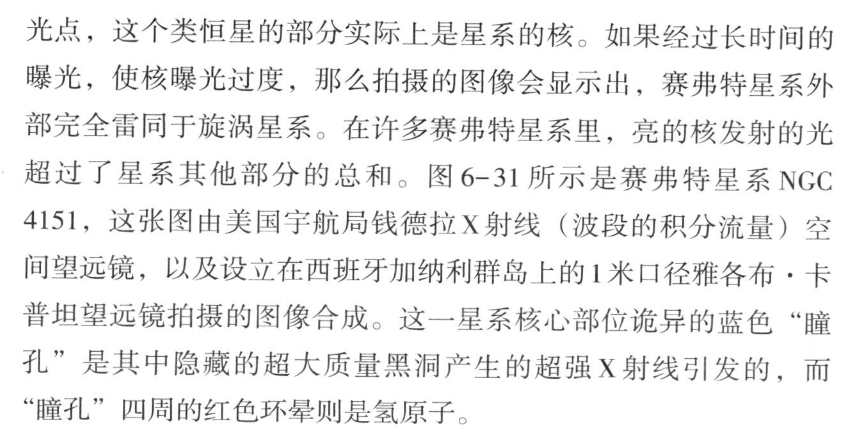

光点，这个类恒星的部分实际上是星系的核。如果经过长时间的曝光，使核曝光过度，那么拍摄的图像会显示出，赛弗特星系外部完全雷同于旋涡星系。在许多赛弗特星系里，亮的核发射的光超过了星系其他部分的总和。图 6-31 所示是赛弗特星系 NGC 4151，这张图由美国宇航局钱德拉X射线（波段的积分流量）空间望远镜，以及设立在西班牙加纳利群岛上的1米口径雅各布·卡普坦望远镜拍摄的图像合成。这一星系核心部位诡异的蓝色“瞳孔”是其中隐藏的超大质量黑洞产生的超强X射线引发的，而“瞳孔”四周的红色环晕则是氢原子。

**蝎虎天体** 它是具有亮中心核的椭圆星系，在短曝光照片上，它像恒星一样；在深度曝光的照片上，则有星云状辐射光包围着它。它是绒毛状的，不像具有同等亮度的星系那样延展，但比恒星的角直径要大。这类天体的光谱中既没有吸收线（强度低于周围连续谱），也没有发射线，它的光谱像是一条无特征的连续辐射谱。在20世纪70年代，以米勒为首的天文学家小组通过遮挡住来自蝎虎BL核的发射光，获得暗弱“绒毛”的光谱。由光谱证明它非常类似于M 32的光谱（M 32是仙女座星系附近的一个小的椭圆星系），星云状物质代表的是大约10亿光年之遥的巨椭圆星系。

**类星体** 20世纪中叶，天文学家意外发现了一种特别的天体，它们的外表观测特征像恒星，但实际性质却与恒星截然不同，因此称之为“类星体”。它们因看起来是“类似恒星的天体”而得名。它们实际上是银河系外能量巨大的遥远天体，其中心是猛烈吞噬周围物质的、在千万倍太阳质量以上的超大质量黑洞。这些黑洞虽然自身不发光，但由于其强大的引力，周围物质在快速落向黑洞的过程中以类似摩擦生热的方式释放出巨大的能量，使得类星体成为宇宙中最耀眼的天体。

在20世纪50年代，天文学家利用射电望远镜发现了很多能发射无线电波的天体，称为“射电源”。由于当时望远镜的限制，射

**图6-32** 类星体与恒星

电源的位置定得不准，因而很难确定这些天体的物理本质。

1963年，一个名叫3C 273的射电源发生了“月掩星”的现象，也就是月球在天空中运动时恰好遮掩住这个射电源。当月球挡住射电源时，我们就收不到它的无线电波了，而月球离开时又能收到信号了。于是，人们利用月掩星的机会测出了3C 273的精确位置。根据这个位置，人们在照相底片上找到了这个射电源的光学对应体，那是一个类似恒星的天体。

美国天文学家施密特拍摄了这个天体的光谱，发现在它的光谱中有许多宽而强的发射线，如图6-33所示。但这个光谱非常奇特，我们根本无法认出那些谱线是由什么化学元素组成的。施密特经过反复研究，终于发现这些谱线其实是地球上熟知的一些元素所产生的，只是它们被红移得很厉害，红移值达到0.158，因而变得面目全非。自此之后，天文学家发现了一批类似3C 273的射电源，它们在照相底片上显示的是类似恒星的像，因此被称为“类星射电源”。之后，天文学家又在可见光波段发现了一些蓝天体，它们的光学像和光谱都类似于类星射电源，只是没有射电辐射，人们把它们统称为“类星体”。如前文所述，类星体仅仅是在形态上类似于恒星，它们根本就不是恒星，而是星系尺度上的天体。

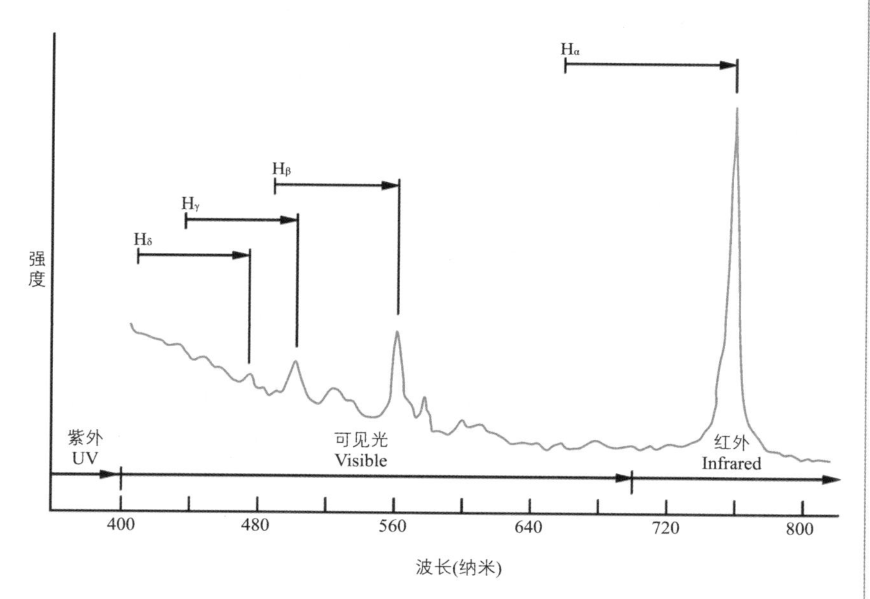


**图6-33** 一条典型的类星体光谱

类星体的发现被称为20世纪60年代天文学四大发现之一。目前，天文学家已经发现了数万颗类星体，其中绝大部分是由美国的SDSS在近年发现的，其中最远的类星体的红移超过了6，相当于120多亿光年的距离，这也是目前已知的宇宙中最遥远的天体。

2010年，早在LAMOST处于测试观测阶段的时候，我国的天文学家就开始利用其观测数据寻找类星体。有的科学家从离我们银河系最近的巨大星系——仙女座星系（M 31）着手，依据类星体拥有较宽发射线的光谱特征，在M 31附近的天区发现了14个新的类星体。随着时间的推移，LAMOST的观测数据不断累积，科学家一直持续搜寻工作，并且将视野定格在仙女座星系和三角座星系（M 33）附近的天区。2013年他们又新发现了526个类星体，2015年又捕获了1330个类星体。截止到2015年，LAMOST在M 31和M 33附近的天区共捕获了1870个类星体。这样的大样本有助于科学家理解我们附近的星系群中的星际和星系际介质的运动学以及化学性质。

还有的科学家从SDSS未捕获到的类星体入手，以期填补其空缺。他们利用LAMOST捕获到的8个新的类星体，同时发现了一个位于类星体的红移“沙漠”（在这个红移区间内的类星体少有被探测到）的极亮的类星体（i波段星等约为16.44，是红移范围在2.3—2.7之间最亮的类星体）。针对这个特别亮的类星体，天文学家估计了它的中央黑洞的质量、光度。一个完备的类星体样本，对于我们更好地理解类星体的光度函数至关重要，同时这样的发现也有助于我们进一步理解高红移（红移大于2.2）类星体的宇宙学演化过程。

我国的天文学家在LAMOST已发布的数据中，找到了大约4000个类星体，这些类星体拥有精确的红移（位置）测量，其中

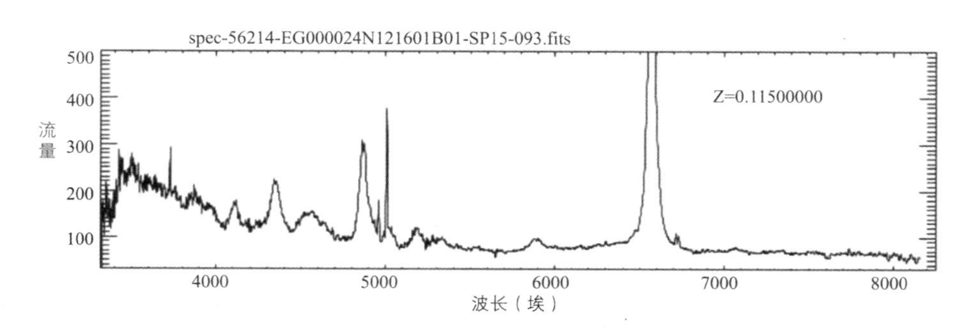


**图6-34** LAMOST拍摄的一条类星体光谱（已经改正了红移）

有1200多个是首次被发现的，图6-34展示了LAMOST获取的一条类星体光谱。科学家依据LAMOST的光谱数据，结合其他巡天项目的观测数据，估计了这些类星体的性质，诸如黑洞质量、光度等。这样的新发现，也为后续其他望远镜的多波段观测提供了参考，有助于科学家更深入地理解类星体这类天体的物理性质、形成机制等。

## 神秘的“双黄蛋”

星系之间的距离是非常遥远的，离银河系最近的小麦哲伦云星系距离我们也有18万光年。尽管星系间的距离十分遥远，却也不是“老死不相往来”。星系并非孤立的实体，有时两个星系之间还会发生冲突，甚至还会互相吞并。天文学家曾观测到星系之间如桥、如尾、如环般的奇特现象。

**图6-35** 互扰星系Arp 147（左上）、车轮星系M 51及其伴星系（左下）、蝌蚪星系（右）

图6-35中左上图所示是美国宇航局的钱德拉X射线天文望远

镜和哈勃太空望远镜收集到的一组数据，显示了距地球约4.3亿光年处的一对互扰星系Arp 147产生的巨大黑洞光环，如同太空中的宝石项链一样光芒耀眼。照片中右侧是Arp 147星系的一个旋涡星系的残余物，它与左侧的椭圆星系相碰撞，产生了一个不断扩展的恒星形成波，形成了一个包含着大量新生恒星的蓝色光环。左下所示是车轮星系M 51及其伴星系。车轮星系以其清晰的旋臂结构而闻名，这张图展示的是M 51与一个比它小很多的伴星系相互纠缠的景象。右图所示是蝌蚪星系，似被拖拽出一条长长的尾巴。

星系间的碰撞并不是像我们所想象的那样，来个硬碰硬的撞击。实际上是在两个星系的引力场作用下，星系中的恒星和气体等物质进行重新分布。如果两个星系的质量相差悬殊，小星系会从大星系的近端拉扯出物质，形成很壮观的“桥梁”，它将暂时跨越两个星系之间的鸿沟。如果相遇的两个星系质量基本相等，则会从每个星系生出一条长长的尾巴，通常都向外伸展得很开。有时，这两个星系并不真的发生碰撞，而只是像两只宇宙钟摆一样彼此来回摆动。引力相互作用使它们喷射出两条巨大的尾巴，就像昆虫的触角一样。

在星系发生相互作用的时候，会在某些区域如星系中心集中大量的气体和尘埃，从而导致大规模的恒星形成。这种星系被称为“星暴星系”，星系的并合触发了星暴，新的恒星不断产生；这种形成过程往往是非常激烈的，甚至会使热气体泡溢出星系外。由于星暴星系中存在着大量的气体和尘埃，使得它们辐射出很强烈的远红外射线。

当两个星系靠得太近而陷入了它们共同的“势力范围”内时，这两个星系会继续扭曲，甚至分裂对方。在未来的几十亿年内，它们会渐渐地融合，从而形成一个共同体——一个新的、更大的星系。

现在，人们已能使用计算机来模拟两个星系相互作用而形成的各种样子，而哈勃空间望远镜也发现了大量的实例。图6-36中上图所示是触角星系NGC 4038、NGC 4039，它们正处于宿命的纠缠中，此次相撞开始于几亿年以前，它们是离我们最近、最年轻的碰撞星系的例子。中图所示是两个碰撞的旋涡星系NGC 6050和IC 1179，都位于武仙座星系团中，两个旋涡星系通过彼此的旋臂紧紧相连。下图所示是NGC 5257、NGC 5258，它们的质量和尺度相当，两星系间似有一座桥梁连接彼此，就像是两个牵手的芭蕾舞者。它们的中央各有一个超大质量的黑洞，它们的盘上也都有进行中的恒星形成活动。

天文学家认为，现今所看到的星系，包括银河系，都是由一些小的星系在几十亿年前发生同样的融合而产生的。因为在宇宙早期，星系之间的距离比较近，一些小的星系经碰撞与并合，从而形成了今天所看到的较大的星系。此外，天文观测也已经发现，包括银河系在内的几乎所有星系中心都存在着比太阳质量大百万倍以上的“超大质量黑洞”。在目前流行的冷暗物质宇宙学框架下，星系的等级合并必然会导致星系核心形成超大质量“双黑洞”，科学家形象地把它们称作“双黄蛋”。

**图6-36** 哈勃望远镜拍摄的相互作用星系NGC 4038和NGC 4039（上）、NGC 6050和IC 1179（中）、NGC 5257和NGC 5258（下）

图6-37　星系中心的“双黄蛋”（想象图）

我国天文学家利用LAMOST早期观测的光谱数据，结合哈勃望远镜的图像和光谱数据，证认了一个双活动星系核，即拥有两个活动星系核的系统。LAMOST拍摄了这个双活动星系核中位于北面的核，并且通过光谱分析，确定它是一个属于塞弗特2类型的星系（活动星系核）。这个双活动星系核中位于南面的核，距离北面的核大约是kpc（千秒差距）尺度，已由哈勃太空望远镜的紫外谱捕获，并判定是一个属于塞弗特1类型的星系。

此外，我国天文学家还详细研究了一批具有特殊光谱特征的星系：双峰窄发射线星系。这类星系的光谱发射线都具有双峰结构，通常认为造成发射线双峰形态的机制有：双活动星系核、双极外流和旋转盘等。天文学家利用LAMOST发现了20个具有双峰特征的星系光谱，其中10个属于新的发现。研究发现这些星系中的绝大多数要么正在相互吞并（并合），要么正与自己的邻居发生亲密接触。

由于SDSS观测限制，对于距离很近的视线方向投影星系对无法实现完全覆盖的观测。我国天文学家利用LAMOST光谱巡天填补了部分可能被SDSS漏观测的星系对成员。通过对比LAMOST光谱观测与SDSS光谱观测两者样本的物理参数，发现了约800个这样的星系对。这类星系的发现有助于我们更好地理解星系的相互作用、并合以及星系的形成和演化等问题。

LAMOST已经收获了大量的数据，国内外天文学家利用它取得了很多令人瞩目的科研成果，加深了我们对恒星以及星系的形成与演化的认识。

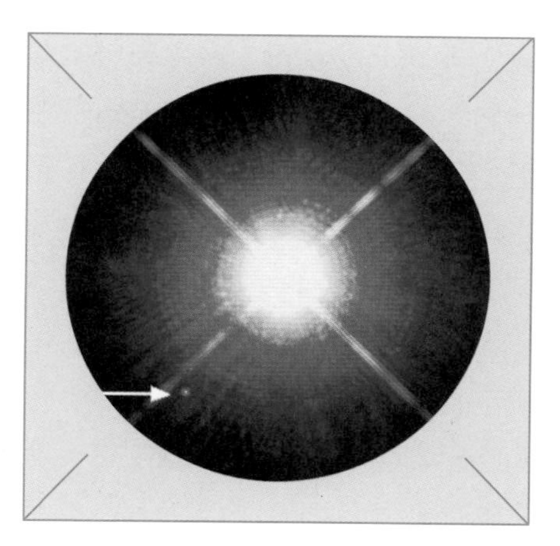

中国是世界上天文学起步最早、发展最快的国家之一。我国从尧帝时代就已设立专职天文官。如今，沉寂已久的东方古国在现代天文中终于再次发出了新的声音，并且我们毫不怀疑，这个声音将会越发悠扬、越加响亮，直至传到地球上的每个角落，也传到每个中国人的心里。

银河系。

值得庆幸的是，天文观测已经获得了许多大爆炸宇宙起源学说的证据，看到了大爆炸留下的许多痕迹——从宇宙微波背景辐射到星系的红移。但这些还远远不够，还有太多的问题萦绕在人们的脑海中：人类已经观测到暗能量和暗物质的作用，但不知道它们究竟是什么和怎么起作用；人类已经观测到太阳系外恒星的行星系统，以及它们的结构和组成，但是行星系统是怎么形成的？生命是怎么产生的？这一个又一个的谜团都等待着天文学家去揭开。为了在科学的道路上不断前行，先进的“天文武器”不可缺少。在人们的期待下，更大口径的地面光学、红外、射电和空间望远镜陆续登上天文仪器的舞台。

十几年前，世界各国（包括中国）便开始了开展30米级极大口径光学望远镜的预研究。

我国是一个有着辉煌天文研究历史的文明古国。20世纪90年代初，借着改革开放的春风，为了促进天文学研究的发展，重振我国天文学的辉煌，LAMOST横空出世。考虑到要抢占科学的先机，天文学家瞄准了进行大规模光谱巡天的科学目标，并选择了河北兴隆观测基地建设LAMOST。近年来，随着经济的飞速发展，全球大气和环境的变化，使得LAMOST的观测夜比预计的有所减少，尽管如此，截止到2015年5月底，LAMOST已成功获取了575万条光谱数据，超过世界上其他光谱巡天项目获取的光谱数总和。为了减少台址与环境条件的影响，LAMOST团队竭尽全力提高望远镜和仪器性能，在有限的观测条件下尽可能多地增加观测光谱的数量，提高数据产品的质量。同时，将考虑选择更好的台址建设新的LAMOST。

LAMOST的建成和投入观测，使中国具备了世界领先的主动光学技术和多目标光谱观测能力，为中国的天文学研究增添了高水平的观测设施和平台，为中国在星系形成与演化、银河系结构、恒星形成、暗物质与暗能量等相关领域的重大研究提供了必要的条件和技术支撑，成为中国大科学工程中既有国际领先的科学目标，又有独创的设计思想和技术创新的典范之作。

LAMOST成功采用拼接镜面主动光学技术，并且首次实现在一架望远镜中用两块拼接镜面。LAMOST的研制成功，使我国天文学家掌握和积累了拼接镜面主动光学技术，为我国研制极大口径光学望远镜打下了基础，创造了条件。国际著名天文光学专家、主动光学先驱雷·威尔逊在2008年10月LAMOST落成典礼时的贺信中写道："……LAMOST包括了最先进的现代望远镜技术的每一个方面。……应该祝贺中国支持了这样一个伟大的技术，以及成长出这样一支杰出的光学队伍，他们实现了LAMOST，并将中国的望远镜技术推进到世界最高水平的前沿。"

欧洲39米的E-ELT（见图7-1、图7-2）、美国30米的TMT（图7-3）和24.5米的GMT均已开始研制，因为获得10米以上口径的整块光学镜坯十分困难，几十米极大口径光学望远镜都采用拼接镜面主动光学技术。

图7-1　E-ELT的设计图

LAMOST的设计研制团队从2000年开始就预研30米和更大的光学望远镜设计方案。在LAMOST基础上，这个团队设计预研的CFGT望远镜（图7-4）具有鲜明的中国特色和创新：它将首次应用扇形拼

图7-2　E-ELT的外观效果图

接子镜，子镜的种类很少，造价也低；摇椅式的机架，造型美观且便于精确控制跟踪，精度更高；四个没有重力方向变化的耐焦平台可以安放更多的终端仪器；具有最多的焦点（主焦、耐焦、卡焦、折轴焦点），可以适应不同科学观测的需要。期待未来，CFGT能成为一架真正的望远镜。

图7-3　TMT望远镜设计图

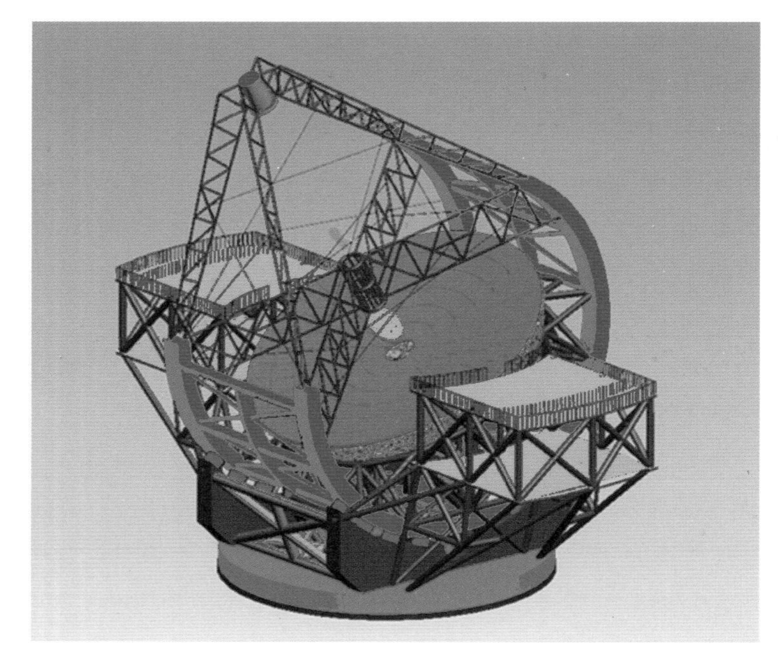

图7-4　CFGT望远镜设计图

图7-5　CFGT机架结构图

# 结　语

深邃的夜空中，繁星闪烁着迷人的光芒，仿佛一座缀满宝石的迷宫。千百年来，人们为了认识这点点繁星和宇宙的奥秘，从未停止探索的脚步。对于人类来说，对未知世界的好奇心，似乎是从抬头望天的那一刻开始就有的本能。随着瞄向宇宙深处的“眼睛”一只只张开，这个孕育了万物、诞生了生命的宇宙对于人类来说，也不再显得那么黑暗，那么遥远，尽管她仍然充满神秘。科学的脚步总是不断向前，也许再过不久，我们就能踏上去往遥远太空的征程了。在这漫长的时光长河中，数不清的先贤们前赴后继地在这条路上付出了毕生心血。幸运的是，今天，科学为人类插上了翅膀，我们开始能够向那遥远的星空飞翔。随着天文学的发展，世界上更精湛的大型天文设备不断问世。“人类从何处来，又将去往何处?”这道千百年来被无数人追问的谜题，或许终有一天将被解开。

# LAMOST大事记

1993年4月　以王绶琯、苏定强为首的研究团队提出建设LAMOST项目，建议作为中国天文重大观测设备

1995年6月　中国科学院成立LAMOST工程项目委员会

1996年7月　LAMOST被列入国家重大科学工程计划首批启动项目

1996年10月　中国科学院成立LAMOST项目工程指挥部、项目科学技术委员会、项目管理委员会

1997年4月　国家计划委员会批复《LAMOST项目建议书》

1997年8月　国家计划委员会批复《LAMOST项目可行性研究报告》

1999年6月　中国科学院受国家发展计划委员会委托批复《LAMOST项目初步设计与概算》

2000年2月　数据处理和研究中心工程开工

2001年9月　国家发展计划委员会批准LAMOST项目开工报告，项目正式进入施工阶段

2003年4月　观测人员宿舍楼开工

2003年10月　LAMOST“光纤定位多单元中间试验系统”通过专家验收

2004 年 1 月　MB子镜室样机研制成功

2004 年 5 月　观测人员宿舍楼竣工、验收

2004 年 6 月　LAMOST观测楼在国家天文台兴隆观测站开工建设

2004 年 9 月　4000根光纤焦面定位系统的设计方案通过评审，开始加工制造

2004年12月　关键技术预研究项目——“大口径主动光学实验望远镜装置”通过验收和鉴定

2005 年 6 月　中国科学院组织国际知名专家对LAMOST项目进行中期评估

2005 年 9 月　LAMOST项目首件大型设备（8米机架底座）在兴隆观测站成功吊装

2005年12月　顺利完成反射施密特改正镜（MA）机架、焦面机构和球面主镜（MB）桁架三大部套的安装，项目进入现场安装调试阶段

2007 年 6 月　LAMOST完成3米口径的镜面、250根光纤的定位系统、1台光谱仪及2台CCD相机（被称为“小系统”）以及完整的望远镜地平式机架、焦面机架、跟踪和控制系统的安装调试，达到望远镜设计的光学指标，并获得天体光谱

2008 年 8 月　望远镜全部硬件（24块MA子镜、37块MB子镜、4000个光纤定位单元、4000根光纤、16台光谱仪、32台CCD相机）安装到位

2008年10月　LAMOST落成典礼在国家天文台兴隆观测基地举行

2009 年 6 月　LAMOST顺利通过国家验收

2010 年 4 月　LAMOST被冠名为“郭守敬望远镜”

2010 年 5 月　国家天文台正式成立“LAMOST运行和发展中心”

2010年10月 “LAMOST巡天观测计划遴选与设计委员会”更名为“郭守敬望远镜（LAMOST）科学委员会”
2011年8月 完成16台光谱仪定宽狭缝安装
2011年8月 LAMOST观测室大屏幕安装、调试成功，投入使用
2011年10月 LAMOST先导巡天正式启动
2012年6月 LAMOST先导巡天观测圆满结束
2012年7月 LAMOST中英文网站升级改版
2012年8月 先导巡天数据对外发布
2012年9月 “LAMOST天文望远镜”项目获得北京市第十五届优秀工程设计二等奖
2012年9月 中心科学巡天部成立
2012年9月 LAMOST正式巡天启动
2013年6月 LAMOST第一年正式巡天圆满结束
2013年6月 LAMOST子镜镀膜设备及配套装置通过总验收
2013年7月 LAMOST重点课题评审会召开
2013年8月 LAMOST第一批光谱数据（DR1数据集——先导巡天和正式巡天第一年）正式对外发布
2013年9月 LAMOST第二年正式巡天启动
2013年9月 国家天文台发布第一批LAMOST巡天光谱数据新闻通气会召开
2013年11月 LAMOST用户委员会正式成立，并召开2013年年会
2013年12月 “基于LAMOST大科学装置的银河系研究及多波段天体证认”的国家“973”项目启动
2014年2月 LAMOST数据处理部全体女性职工获“全国三八红旗集体”称号
2014年3月 国家科学基金重大项目“LAMOST银河系研究”启动会召开
2014年6月 LAMOST第二年正式巡天圆满结束

2014 年 6 月　LAMOST数据处理软件升级

2014 年 8 月　第一届LAMOST-Kepler国际学术研讨会召开

2014 年 9 月　LAMOST第三年正式巡天启动

2014年12月　LAMOST DR2（先导巡天和正式巡天前两年的数据）正式发布

2015 年 3 月　国家天文台向全世界公开发布LAMOST首批巡天光谱 数 据

2015 年 6 月　LAMOST第三年正式巡天圆满结束

2015 年 9 月　LAMOST第四年正式巡天启动

2015年12月　LAMOST DR3（先导巡天和正式巡天前三年的数据）正式发布

**图书在版编目（CIP）数据**

巡天遥看一千河 ： 大视场巡天望远镜LAMOST / LAMOST运行和发展中心编. -- 2版. -- 杭州 ： 浙江教育出版社，2018.5
（中国大科学装置出版工程）
ISBN 978-7-5536-7308-0

Ⅰ. ①巡… Ⅱ. ①L… Ⅲ. ①望远镜－普及读物 Ⅳ. ①TH743-49

中国版本图书馆CIP数据核字(2018)第078711号

策　　划　周　俊　莫晓虹
责任编辑　王凤珠　余理阳　　责任校对　戴正泉
美术编辑　曾国兴　　　　　　责任印务　陈　沁

**中国大科学装置出版工程**
**巡天遥看一千河——大视场巡天望远镜LAMOST**
ZHONGGUO DAKEXUE ZHUANGZHI CHUBAN GONGCHENG
XUNTIAN YAOKAN YIQIANHE—— DASHICHANG XUNTIAN WANGYUANJING LAMOST

LAMOST运行和发展中心　编

出版发行　浙江教育出版社
　　　　　(杭州市天目山路40号　邮编:310013)
图文制作　杭州兴邦电子印务有限公司
印　　刷　杭州富春印务有限公司
开　　本　710mm×1000mm　1/16
印　　张　14.75
字　　数　297 000
版　　次　2018年5月第2版
印　　次　2018年5月第4次印刷
标准书号　ISBN 978-7-5536-7308-0
定　　价　45.00元

联系电话　0571-85170300-80928
网　　址　www.zjeph.com